新 型 职 业 农 民 培 训 通 用 教 材

U0690505

小杂粮
生产技术

王艳茹◎主编

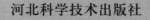

河北科学技术出版社

图书在版编目（CIP）数据

小杂粮生产技术／王艳茹主编. —— 石家庄：河北科学技术出版社，2016.9（2023.5重印）
新型职业农民培训通用教材
ISBN 978 - 7 - 5375 - 8672 - 6

Ⅰ．①小… Ⅱ．①王… Ⅲ．①杂粮－栽培技术－技术培训－教材 Ⅳ．①S51

中国版本图书馆 CIP 数据核字（2016）第 234409 号

小杂粮生产技术

王艳茹　主编

出版发行　河北科学技术出版社
地　　址　石家庄市友谊北大街 330 号（邮编:050061）
印　　刷　三河市恒彩印务有限公司
开　　本　710×1 000　1/16
印　　张　8
字　　数　130 千字
版　　次　2016 年 10 月第 1 版
　　　　　2023 年 5 月第 3 次印刷
定　　价　22.00 元

《小杂粮生产技术》编写人员

主　编　王艳茹
副主编　梁东侠　李玉芬
主　审　凌志杰
编　委　王艳茹　梁东侠　李玉芬　任艳艳　全小翀
　　　　白凤朝　高艳军　王杰华　李东文　方振田
　　　　李忠双

前　言

我国是个农业大国，农业在国民经济中占有重要地位。党中央、国务院一贯重视"三农"问题。自1982年至1986年连续五年中共中央、国务院印发以"三农"（农业、农民、农村）为主题的"一号文件"，对农村改革和农业发展作出具体部署。步入21世纪后，2004年至2016年又连续十三年印发以"三农"为主题的"一号文件"，再次强调了"三农"工作在我国社会主义现代化建设中的重要地位。2012年，中共中央、国务院印发的"一号文件"《关于加快推进农业科技创新持续增强农产品供给保障能力的若干意见》首次指出"大力培育新型职业农民"。2016年的"一号文件"进一步提出"加快培育新型职业农民"，将职业农民培育纳入国家教育培训发展规划，基本形成职业农民教育培训体系。

为贯彻落实党中央有关"三农"工作精神，加快培育新型职业农民，推进现代农业发展，保障国家粮食安全和主要农产品有效供给，农业部决定在全国开展新型职业农民培育试点，并印发了《新型职业农民培育试点工作方案》，探索新型职业农民培育的方法和路径，总结经验，形成制度，推动新型职业农民培育工作健康有序发展。

加强教材建设是提高"新型职业农民培育"工作质量和水平的重要保障。为确保"新型职业农民培育"工作顺利进行，全面提高培训质量，我们组织有关专家以及经验丰富的一线教师，编写了这套"新型职业农民培训通用教材"。

这套教材是根据《农业部办公厅关于加强新型职业农民培育教材建设的通知》（农办科〔2015〕41号）精神组织编写的，其作者既有专家学者，又有生产经验丰富的一线技术人员和培训教师，他们站在新时期"三农"前沿阵地，从新型职业农民需要掌握的基础知识入手，集数十年"三农"工作经验编写了这套教材；其内容涵盖了种植技术、养殖技术、农村管理、生产经营、农产品营销、安全生产、农村文化生活等方方面面；其版式活泼，体例新颖，穿插有"小经验""知识链接""提个醒"等模块，以拓宽知识，加深理解；该套教材易读易懂，对新型职业农民培训具有很强的实用性和指导性，同时还可以作为广大农民的科普读物。

当前，我国正处于改造传统农业、发展现代农业的关键时期，大量先进农业科学技术、高效率设施装备、现代化经营管理理念被逐步引入到农业生产的各个领域，所以对高素质职业化农民的需求越来越迫切。希望这套教材能对新型职业农民培训起到促进、推动作用。由于水平所限，书中不足之处在所难免，敬请广大读者批评指正。

目　　录

第一章 谷 子

第一节 概 述

谷子在北方主要指粟，在南方主要指稻，有时也专指其尚未去掉外皮的种子，是中国民间对主要种子类粮食作物的称呼。中国传统所称的五谷是指黍、稷、麦、菽、稻，谷子是我国北方地区人们喜爱的粮食作物之一。

一、谷子在国民经济中的地位

谷子（Setaria italic），古称粟，英文名 foxtailmillet，全国种植面积 125 万 hm^2，约占全国粮食作物播种面积的 1.2%，占北方粮食作物播种面积的 10% ~ 15%，仅次于小麦、玉米，居第三位。

谷子是耐旱、耐瘠薄作物，根系发达，能从土壤深层吸收水分。谷子叶面积小，叶脉密度大，保水能力强，蒸发量小，在干旱条件下具有高度的耐旱耐瘠性，具有良好的高产稳产性。

谷子是粮草兼用作物，粮、草比为 1:1 ~ 1:3。据中国农业科学院畜牧研究所分析，谷草含粗蛋白质 3.16%、粗脂肪 1.35%、无氮浸出物 44.3%、钙 0.32%、磷 0.14%，其饲料价值接近豆科牧草，谷糠是畜禽的精饲料。谷子外壳坚实，能防潮、防热，防虫，不易霉变，可长期保存。

二、谷子的起源与分布

谷子是我国最古老的栽培作物之一，在国民经济发展及人们的生活生产中占有重要的地位。谷子脱壳称小米（粟米），米粒颜色有淡黄色、淡绿色、黑色、白色等。小米比一般米、面含有较多的胡萝卜素、维生素 B_1、维生素 B_2、铁，维生素 B_1 可达大米的几倍，是其他杂粮所不能替代的。

谷子原产于我国黄河流域，1954 年在西安半坡村新石器时代的遗址中，发现陶罐装有大量的谷子，证明在我国六七千年前的新石器时代，谷子就已成为重要的种植作物。在四五千年前原始甲骨文字里有关谷子的记载很多，这也充分说明，在我国古代，谷子是一种重要作物。

从现在保存的古农书和文献资料可以看到我国劳动人民在谷子生产方面所积累的丰富经验。如公元前 1 世纪西汉时期，我国最早的一部古农书《氾胜之书》提出了谷子的播种期要根据土壤墒情和物候期决定，以及谷子留种时要在田间选穗。同时，记载有"区田种粟"的抗旱播种方法。又如，公元 6 世纪，北魏时期一部杰出的农书《齐民要术》，对谷子栽培经验的总结，就占有很大篇幅。该书提出"谷田必须岁易"，即种谷子不能重茬；谷子播种量必须根据播期的早晚、土壤肥瘦等条件考虑，提出"谷子要垄行整齐，间开苗，使苗不欺苗，幼苗才能长得快、长得好，垄要直，苗与苗要对齐，以便通风"等种谷子通风透光的经验。同时提出一套谷子穗选法留种技术，至今仍有现实意义。《齐民要术》记载的谷子品种有 86 种之多，这充分说明我国劳动人民对谷子有着丰富的栽培选种经验。

世界上谷子的主要产区是亚洲东南部、非洲中部和中亚细亚等地。以中国、印度、俄罗斯、巴基斯坦、马里和苏丹栽培谷子较多。20 年前，我国谷子栽培面积约占粮食作物面积的 5%，主要分布在淮河以北各省区，约占全国谷子播种面积的 90% 以上。其中以华北最多，约占全国谷子播种面积的 1/3 以上，东北次之，约占全国谷子面积的 1/4。以省份而言，辽、吉、黑、冀、晋、内蒙古等省区种植较多，一般占该省区粮食作物面积的 10% ~15%。

谷子在我国分布极其广泛，各省区几乎都能种植，但主产区集中在东北、华北和西北地区。近年来，由于农业生产发展，种植业结构调整，我国谷子种植面积与 20 世纪 80 年代相比有所下降，其中春谷面积下降幅度较大，而夏谷面积有所发展。据 2000 年统计，全国谷子种植面积约 125 万 hm^2，年总产 212 万吨左右，平均 1700kg/hm^2。种植面积较大的是河北、山西、内蒙古、陕西、辽宁、河南、山东、黑龙江、甘肃、吉林和宁夏等 11 个省区，总面积 123 万 hm^2，占全国谷子种植面积的 98.4%，单产平均 1760kg/hm^2，其中东北的黑龙江、吉林、辽宁三省谷子种植面积 19.5 万 hm^2，占全国谷子种植面积的 15.6%，单产平均 1448kg/hm^2。华北的河北、山西、内蒙古谷子种植面积 75.4 万 hm^2，占全国谷子种植面积的 60.3%，单产平均 1760kg/hm^2。西北的陕西、甘肃、宁夏谷子种植面积 14.6 万 hm^2，占全国谷子种植面积的 11.7%，单产平均 980kg/hm^2。河南、山东谷子面积 13.5 万 hm^2，占全国谷子种植面积的 10.8%，单产平均 2003kg/hm^2。随着谷子优良品种推广和栽培技术改进，提高谷子品质和生产效益成为我国今后谷子生产的发展方向。

三、谷子栽培区划

粟的两个亚种 S. italica ssp. maximum 和 ssp. moharium 以下再分出德国粟、西伯利亚粟、金色奇粟、倭奴粟、匈牙利粟等类型。弗里尔和 J. M. 赫克托将粟分为 6 个类型。通常中国粟被列为大粟亚种的普通粟。形态分类上都以刺毛、穗形、子粒颜色等稳定性状为主要依据。中国目前将粟划分为东北平原、华北平原、黄土高原和内蒙古高原 4 个生态型。中国粟品种有穗粒大、分蘖性弱等特点，表明其栽培进化的程度较高。从欧美引入的品种往往分蘖力强、穗小、刺毛长，适于饲用。20 世纪 90 年代，王殿赢等根据我国谷子生产形势的变化，在原东北春谷区、华北平原区、内蒙古高原区和黄河中上游黄土高原区四个产区划分的基础上，根据谷子播种期和熟性及区域性将中国谷子主产区划分为 5 大区

11 个亚区。

1. 春谷特早熟区

主要包括黑龙江沿江和长白山高寒特早熟亚区和晋冀蒙长城沿线高寒特早熟亚区，是我国种谷北界。此区品种生育期 100 天左右，抗旱性强，植株矮小、穗短、不分蘖。

2. 春谷早熟区

包括松嫩平原、岭南早熟亚区和晋冀蒙甘宁早熟亚区。此区品种生育期 110 天左右，抗旱性强，秆矮不分蘖，穗较长，粒大。

3. 春谷中熟区

包括松辽平原中熟亚区和黄土高原中部中熟亚区，此区是我国谷子主产区，品种生育期 120 天左右，抗旱耐瘠，植株中等，穗特长。

4. 春谷晚熟区

包括辽吉冀中晚熟亚区、辽冀沿海晚熟亚区和黄土高原南部晚熟亚区，此区是我国谷子主产区，品种生育期 125 天以上，植株较高，穗较长，粒小。目前此区已由春谷向夏谷发展。

5. 夏谷区

包括黄土高原夏谷亚区和黄淮海夏谷亚区，此区是我国谷子主产区，品种生育期 80 ~ 90 天，植株较高，穗较长，千粒重较高。

近些年，谷子播种面积在逐渐减少，究其原因，一是谷子的产量较低，二是对土质的要求较严，尤其是谷子怕涝，喜欢岗地和地势较高的地块，再加上多年来农田中有机肥的施用量太少或根本不施，而大量施用无机化学肥料，有机质含量越来越低，土壤团粒结构受到严重破坏，耕层的板结程度也就越来越严重，因此也就越来越不利于谷子的生长和发育。其实，谷子并非天生就是低产作物，只要能按照谷子的生物学原理进行种植和管理，为它的生长和发育创造和提供良好的条件，满足它的生长要求，就会获得理想的

产量。

四、生物学特征

谷子是一年生草本植物，须根粗大，秆粗壮直立，高0.1～1m或更高。叶鞘松裹茎秆，密具疣毛或无毛，毛以近边缘及与叶片交接处的背面为密，边缘密具纤毛，叶舌为一圈纤毛，叶片长披针形或线状披针形，长10～45cm，宽5～33mm，先端尖，基部钝圆，上面粗糙，下面稍光滑。圆锥花序呈圆柱状或近纺缍状，通常下垂，基部多少有间断，长10～40cm，宽1～5cm，常因品种的不同而多变异。主轴密生柔毛，刚毛显著长于或稍长于小穗，黄色、褐色或紫色。小穗椭圆形或近圆球形，长2～3mm，黄色、桔红色或紫色。第一颖长为小穗的1/3～1/2，具3脉。第二颖稍短于或长为小穗的3/4，先端钝，具5～9脉。第一外稃与小穗等长，具5～7脉，其内稃薄纸质，披针形，第二外稃等长于第一外稃，卵圆形或圆球形，质坚硬，平滑或具细点状皱纹，成熟后，自第一外稃基部和颖分离脱落。鳞被先端不平，呈微波状，花柱基部分离，叶表皮细胞同狗尾草类型。

五、营养功效

谷子去壳后为小米，含蛋白质11.42%，含粗脂肪4.28%，维生素A、维生素B_1分别为0.19mg/100g、0.63mg/100g，还含有大量的人体必须的氨基酸和丰富的铁、锌、铜、镁、钙等矿物质。小米营养丰富，适口性好，长期以来被广大群众作为滋补强身的食物。

几种主要粮食8种必须氨基酸含量（氨基酸mg/100g）比较

（中国预防医学科学院等）

粮 食	蛋氨酸	色氨酸	赖氨酸	苏氨酸	苯丙氨酸	异亮氨酸	亮氨酸	缬氨酸
小米	301	184	182	338	510	405	1205	499
大米	147	145	286	277	394	258	512	481

续表

粮　食	蛋氨酸	色氨酸	赖氨酸	苏氨酸	苯丙氨酸	异亮氨酸	亮氨酸	缬氨酸
玉米	149	78	256	257	407	308	981	428
小麦粉	140	135	280	309	514	403	768	514
高粱米	253	—	233	337	661	463	1520	567

健康效果：适宜老人孩子等身体虚弱的人滋补。同时常吃小米还能降血压、防治消化不良、补血健脑、安眠等功效。还能减轻皱纹、色斑、色素沉积，有美容的作用。

气味：咸，微寒，无毒。

主治：可以养肾气，除脾胃中热，利小便，治痢疾。磨成粉可以解毒，止霍乱。做粥食用可以开胃补虚。《本草纲目》记载："养肾气，去脾胃中热，益气。陈者：苦，寒。治胃热消渴，利小便。"

第二节　播前准备

一、地块的选择

根据谷子的生活习性和对外界环境的要求，种植谷子应选择地势高燥、朝阳、旱能浇、涝能排、土层深厚、有机质含量较高的地块，前茬作物为小麦、大豆、玉米、高粱均可。谷子不宜重茬，重茬一是病害严重，二是杂草多，三是大量消耗土壤中同一营养元素，造成"歇地"，致使土壤养分失调。因此，必须进行合理轮作倒茬。谷子较为适宜的前茬作物依次是：豆茬、马铃薯、甘薯、麦茬、玉米茬等。

谷子是比较耐旱的作物，其发芽要求的水分不多，吸水量达种子重量的26%就可发芽，在耕层土壤含水量达9%～15%时，就可满足种子发芽对水分的需要。田间土壤持水量为50%，幼苗出土较快。谷子喜温暖，全生育期要求平均气温20℃左右，生育期的积温介于1600～3300℃（迁安市的温度条件基本能满足其需求）；谷子发芽最适宜温度为24℃，20℃以上播后5~6天就可发芽出土。谷子亦喜光照，在光照的条件下，光合效率很高，但在光照减弱的情况下，光合生产率较玉米、高粱、大豆等作物低，因此，利用谷子与其他高秆作物间作时，一定要注意谷子不耐阴的特性。在幼苗期，光照充足，有利于行成壮苗。在穗分化前，缩短光照能加快幼穗分化速度，但使穗长、枝梗数和小穗数减少。延长光照，就能延长分化时间，增加枝梗数和小穗数。在穗分化后期，即花粉母细胞分化时，对光照强弱反应敏感。此时光弱就会影响花粉分化，降低花粉的受精能力，空壳率增加。在灌浆成熟期间，亦需要充足的光照条件，光照不足，子粒成熟不好，秕粒增加，农谚"淋出秕来，晒出米来"就是指这个时期说的。谷子为短日照作物，在生长发育过程中需要较长的黑暗和较短的光照交替条件，才能抽穗开花。谷子在拔节以前，每天日照时数在15h以上，则大多数品种不向生殖生长转化，停留在营养生长阶段，生育期延长。短于12h，则缩短营养生长，迅速进入生殖生长，发育加快，提早抽穗。谷子对短日照反应因品种而不同，一般春播品种较夏播品种反应敏感。在引种换种时，必须考虑品种的光照特性。实际上，光照与温度对谷子生育的影响是密切相关的。低纬度地区品种引到高纬度地区或海拔低地区的品种引到海拔高地区种植，由于日照延长、气温降低抽穗期延迟。相反，如果把北方品种引到南方，或高山地区品种引到平原地区种植，则表现生长发育加快，生育期缩短，成熟提早。

谷子虽然具有耐瘠的特点，但土层深厚，养分充足，有利于获得高产。谷子一生对氮素营养需要量较大，氮肥不足，会造成植株矮小，叶窄而薄，色黄绿，光合效率低，穗小粒少，植株早衰，秕粒增多。氮肥充足，植株茎叶浓绿色，叶片功能期加长，光合作用增强。磷素能促进谷子生长发育，使谷子体内糖和蛋白质增多，并提高抗旱、抗寒能力，减少秕粒，增加千粒重促进早熟。磷素不足，使根系发育差，叶片呈紫红色条斑，延迟成熟。钾素有促进糖类养分合成和转化的作用，促进养分向籽粒输送，增加籽粒重量促进谷子体内纤维素含量的增高，因而使茎秆强韧，增强抗倒伏和抗病虫害的能力。谷子幼苗需钾较少，拔节后需钾较多。从拔节到抽穗前的一个月，钾素的吸收量占60%，以后吸收量较少。

除氮、磷、钾外，谷子还需要多种营养元素，但需要量甚微，土壤和农家肥中不缺，一般不需要施用。

二、精细整地和施肥

春播谷地要做到秋季深耕，秋耕可以熟化土壤，改良土壤结构，增强保水能力，加深耕层，利于谷子根系下扎，使植株生长健壮，从而提高产量。秋深耕一般25cm以上，结合秋耕最好一次施入基肥，施肥深度在15～25cm为宜。每亩施优质农家肥1500～2000kg，尿素15kg，磷酸二铵10kg或过磷酸钙30kg，钾肥10kg作基肥。或亩施优质农家肥1500～2000kg，同时再施用20～30kg优质大三元复合肥作基肥。我国谷子产区多为旱地种植，春季整地要作好耙耱、浅犁、镇压保墒工作，以保证谷子发芽出苗所需的水分。

没有经过秋冬耕作或未施肥的旱地谷田，春季要及早耕作。以土壤化冻后立即耕耙最好，耕深应浅于秋耕。经秋冬耕作的谷田也应在夜冻昼消时耙地以保持水分，冬春季也能减少水分损失。播前整地主要是平整土地，减少水分蒸发。经过秋冬耕作或早春耕的谷田，播前十天应进行浅层耕作。

夏播谷子同样要求深耕细耙，田里少坷垃。麦收后及时灭茬，抢时早播，足墒下种。整地时农家肥和化肥作基肥施入，用量同上。

三、选择高产优质谷子品种，做好播种前的种子处理

目前我国种植面积较大、易于被人们接受的谷子品种分为三大类，一是优质品种，如"乌米绿色谷子"、黑米谷子"黑选一号"、"沁州黄"（沁州黄小米）、"东方亮"（原名御米）、"隆化小米"、"泽州香"等。二是高产但品质一般的谷子品种，如"豫谷王"、"金香吨谷"、"北京巨丰园"、"世纪谷王"、"赤谷6号"、"晋谷22号"、"铁谷7号"、"粘谷1号"等。三是高产优质品种，如张杂谷8号、张杂谷2号、张杂谷3号、冀张谷1号、张杂谷10号等张杂系列品种。

为提高播种质量，减少病虫害的发生和危害，播种前一般要做好种子处理。首先，在谷子播种前应选种，可进行筛选或水选，剔除秕谷或杂质，留下饱满、整齐一致的种子供播种用。其次，播种前将种子晒2～3天，用水浸种24h，以促进种子内部的新陈代谢作用，增强胚的生活力。第三要进行药剂拌种，防治病虫

害，保证苗齐、苗壮，也可作种子包衣。种子包衣剂是将杀虫剂、杀菌剂、微量元素有效混合，加入色素，包于种子之上。种子包衣剂可有效防止作物的病虫危害，达到既防治病虫又供给微量元素的双重目的。注意，在药剂拌种时，一定要将拌好的种子堆闷 4~6h，待种子表面的水分吸干后即可播种。

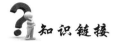知识链接

谷子重茬害处多

谷子作为传统的粮食种植品种，是主要杂粮作物之一。在谷子种植中要牢记，不种重茬地，山西古农谚有"重茬谷，坐着哭"的说法，就是说，谷子不宜重茬，要年年换茬。大量的实践证明，谷子重茬有如下害处：一是病虫害严重，特别是谷子白发病、锈病和线虫病。二是杂草严重，易造成草荒，特别是谷莠草。谷莠草是谷子的伴生杂草，幼苗期形态上与谷苗相似，很难区分，且莠草具有早熟落粒性，在土壤中保持发芽的时间长，连作会使其日益蔓延。三是连作会大量消耗土壤内同一营养要素，造成"竭地"。因此，谷子种植须合理轮作换茬，以调节土壤养分，恢复地力，减少病虫草害。特别是病虫害严重的地块，最好隔三年再种谷子。

在谷子生产实践中就有很好的事实证明，同一块土地在肥力地力相等的情况下，倒茬谷地谷苗长势健壮，出苗率较高，基本达到齐、全、匀、壮的效果。重茬谷地出苗稀疏，叶面发黄，杂草较多，真正看到了"重茬谷，坐着哭"的后果。为了使广大群众能够吃上健康、无公害的杂粮，提倡谷子科学栽培技术措施：一是轮作倒茬早安排。谷子前茬最好是大豆、玉米、马铃薯等。二是保墒整地施足肥。以农家肥为主，要亩施优质农家肥 2500~3800kg，并与过磷酸钙混合作底肥，结合翻地或起垄时施入土中。三是适期播种、适度埋。选择杂交谷等系列优良种子，当气温稳定通过 8℃时开始播种，主要是抢墒播种，整地要细，踩好格子，覆土均匀一致，播后如遇雨形成硬盖时，用耱动子碾压或其他农具破除硬盖，以利苗全苗壮。四是间苗锄草防病害。当苗高 3cm 时开始间苗，细铲细趟，搞好除草和松土，促进根系发育。防病治虫，生育期要及时防治粘虫、土

蝗、玉米螟，干旱时注意防治红蜘蛛，后期多雨高湿，应及时防治锈病。五是秋后刨茬要抓紧。因谷茬里藏越冬虫，所以刨茬收拾好用火烧。

第三节　播种技术

一、适时播种，精细播种

（一）适期播种

适期播种是保证谷子高产、稳产的重要措施之一。春播谷子适宜播种期为5月上旬至5月中旬，不宜过早播种，当气温稳定通过8℃时开始播种。早播种虽然墒情较好，容易保苗，但早播的谷子拔节后幼穗分化发育常遇到气候持续干旱，雨季仍未到来，遭致"胎里旱"，以致穗小粒少。抽穗期需水最多，也常因雨季高峰还未到来，水分不足，穗子抽出困难，形成"卡脖旱"。谷子进入开花灌浆期却处于雨季高峰，光照不足，影响授粉、灌浆，籽粒不饱满，产生大量秕谷，降低产量。夏播谷子应在麦收后及时抢墒播种，以利于夏谷高产稳产。

（二）精细播种

1. 播种方式

谷子播种方式有耧播、沟播。耧播是谷子主要播种方式，沟播在旱坡地上采用的较多，有的地方叫垄沟种植，或叫水平沟种植，优点是保肥、保水、保土。

2. 播种量

春谷一般为 11～15 kg/hm²，夏谷播量 15kg/hm²。一般旱地每公顷留苗45.0万～52.5万株，水浇地留苗45万～90万株。实际上，谷子生产普遍存在"有钱买种，无钱买苗"的思想，怕干旱不保苗，播量普遍偏多，往往超过留苗数的五、六倍，使谷子出苗后密集，间苗稍不及时，就要影响幼苗生长，容易造成苗荒减产，因此，要适当控制播量。

3. 播种深度

播种深度对幼苗生长影响很大。因为谷子胚乳中储存的营养物质很少，如播种太深，出苗晚，在出苗过程中消耗了大量的营养物质，谷苗生长细弱，甚至出不了土，降低出苗率，即使出苗，根茎也要伸得很长，延长出苗时间，增加病菌侵染机会。据测定，覆土厚 10cm 的出苗率比 3cm 的降低 27.4%，晚出苗 2 ~ 3 天。

适宜深度为 3 ~ 5cm，谷子粒小，原则上以浅播为好，浅播能使幼苗出土早，消耗营养少，有利于形成壮苗。在土壤水分多的地块，播种深度可以适当浅些，但在风大、旱情严重的地方，播种太浅，一则会造成种子被风刮跑，缺苗断垄，甚至毁地重播种。二则因为土表缺水，会导致种子不能发芽或很

小颗粒谷物旱地精播机

少发芽，因此，播种深度应根据实际情况而定。

随着现代化技术的不断发展，谷子大面积种植有望实现现代化。人工每人每天收割 1 亩，联合收割机平均每小时收割 5 ~ 6 亩，效率高、损失小，收割效果也好。以前种地起码 4 ~ 5 个工，8 亩地种三天，还得间苗、施肥、除草，收的时候掐穗、割秆、晾晒、运输，麻烦费工。现在有了小颗粒谷物旱地精播机和谷物联合收割机，农民有望从繁重的体力劳动中解放出来。

二、播后镇压

谷子籽粒小，播种浅，而在春季及夏初干旱多风地区，蒸发量大，播种层常水分不足。如果整地质量不好，土中有坷垃间隙，谷粒不能与土壤紧密接触，种子难以吸水发芽。为了促进种子快吸水，早发芽深扎根，出苗整齐，播后镇压是一项重要的保苗措施。土壤湿度较大，播后暂时不需要镇压外，一般要随播随镇

压，耧播通常是随耧砘压。播种到出苗要根据土壤墒情镇压 2～3 次，以保墒提墒。有试验表明，干旱时砘压三遍比一遍的保苗率由 52% 提高到 85%，10cm 处土壤含水量平均增加 10%。

三、合理施用种肥

在谷子施肥上，种肥是一项重要的增产措施。谷子种子是禾谷类作物中最小的，胚乳储藏养分较少，春谷苗期土壤温度较低，肥料分解慢，幼根吸收能力较弱，如果及时供应速效养料，对促进幼苗根系发育，培育壮苗，后期壮株都有重要的作用。

四、合理种植密度

（一）产量构成因子的分析

谷子产量高低，决定于单位面积的穗数、每穗粒数和粒重三个因素的乘积。在这三者关系中，单位面积的穗数，主要是反应了群体的密植幅度，每穗粒数与粒重的乘积为每穗产量，反应了群体内个体生长发育状况。一般在稀植的条件下，单株营养面积较大，植株得到充分的发育，因此，单株穗大，每穗粒数多和粒重大，单株产量就高。但是单位面积由于群体数量小，没有充分利用光能、养分和水分，产量仍然不高，单位面积穗数不足成为影响产量的主要矛盾。但是，密度过大，虽然穗数增多，但单株穗小，也难于高产。

经过试验，植株密度较稀时，增加植株密度，由每亩 3.33 万株增加到 6 万株，穗数随着株数的增加而增加，产量也相应提高，但密度超过 6 万株后，再增加植株密度，密度与穗粒数、粒重的矛盾逐渐激化，穗重降低，穗粒数减少。因此，提高产量已不能从增加密度来实现，而必须在保证一定穗数的基础上，增加穗粒数和穗重来提高单位面积产量。在一定条件下，单位面积的穗数，随着密度的增加成直线上升，而穗粒数随着植株密度的增加成直线下降（粒重是一个比较稳定的因素，它的变幅较小），只有在穗数、穗粒数达到一个和谐点的时候，单位面积的穗数与穗粒数的矛盾得到统一，产量才最高。

（二）合理密植

合理密植，就是根据谷子品种特性，在不同的发育时期，保持一个合理的群体结构，使叶面积大小保持一个合适状态。实验表明，在一般栽培条件下，迁安市中等旱地和水浇地，以每亩留苗 2.5 万～3 万株为宜，在肥力较高的旱地，以每亩留苗 3 万～3.5 万株比较合适。

◇ **思考与练习** ◇

1. 根据当地气候条件，确定合适播期，改良播种技术，提高播种质量。
2. 根据品种特性和土壤肥力，确定合理种植密度。

第四节 田间管理

一、苗期管理

谷子从出土到拔节前为苗期。苗期管理的中心任务是在保证全苗的基础上促进根系发育，培育壮苗。壮苗的长相是根系发育好，幼苗短粗苗壮，苗色深绿，全田一致。苗期管理的主要措施有：一是苗期镇压蹲苗。谷子出苗后，表土层被拱成松散状，在此期间，气温高，蒸发量大，容易出现地埂芽干现象，为了防止芽干死苗，一般要进行砘压提墒。砘压有两种做法，即黄芽砘和压青砘。黄芽砘即谷苗快出土时进行镇压，镇压能增加土壤紧密度，有利于土壤下层水分上升，帮助出苗，避免烧尖。压青砘是在谷苗一叶一心进行，能有效控制地上部分生长，使谷苗茎基部变粗，促进谷子早扎根、快扎根，提高幼苗抗旱和吸肥能力，防止植株倒伏，起到蹲苗作用。二是防"灌耳"、"烧尖"。小苗出土，若遇急雨，往往把泥浆灌入心叶，造成泥土淤苗，叫"灌耳"。为了防止"灌耳"，根据地形，在谷地可挖几条排水沟，避免大雨存水淤秧。低洼积水处要及时排水，破除板结。在土壤疏松、干旱、播种迟的地块，谷苗刚出土时，中午太阳猛晒，地温高，幼苗生长点易被灼伤烧尖，造成死苗。要防止"烧尖"，必须做好保墒工作，增加土壤水分，使土壤升温慢，同时做好镇压。三是补苗移栽。谷子出苗后发现断垄，可用温水浸泡或催芽的种子补播。如果谷苗长大仍有缺苗，需要移栽，以保证全苗。四是间苗和定苗。早间苗防荒，对培育壮苗有很大作用。由于谷子播种量要比留苗数大很多，因此，苗一出土就拥挤，容易形成苗与草、苗与苗之间争肥、争水、争光的矛盾，又以争光的矛盾最严重，如不及时间苗，就要影响谷苗的生长，影响后期的生育，严重降低产量。谷子间苗早晚，对生长发育影响很大。"谷间寸，顶上粪"，说明谷子早间苗的良好效果。实践证明以 3 ~ 5 片叶为谷子的最佳间苗时间，早间苗比晚间苗一般可增产 10% 以上。五是中耕除草。苗期锄地兼有除草和松土两重作用，第一次中耕可结合间苗进行，要做到除草、松土、围苗相结合，以促进次生根的生长，防止因风晃动伤苗。

在谷子苗期中耕除草的同时，可结合化学药剂除草。效果较好的药剂是 2，4 - D 丁脂，每亩可用 72% 的 2，4 - D 丁脂 30 ~ 40g，兑水 20 ~ 25kg 进行喷雾，杀灭双子叶植物杂草，效果可达 90% 以上。如果谷莠草发生较重的田块，可用 50% 的扑灭津可湿性粉剂，每亩 200 ~ 400g，在播种后出苗前喷雾处理土壤，杀灭谷莠草效果可达 80% 以上。

二、拔节抽穗期管理

谷子拔节到抽穗是生长发育最旺盛时期。田间管理的主攻方向是攻壮株、促大穗。主要措施是：一是清垄和追肥，清垄就是在谷子长到 30cm 左右时，彻底拔除杂草、弱苗、病虫苗，使谷苗生长整齐，苗脚清爽、通风透光。谷子拔节后生长发育较快，是需肥的重要时期，要进行追肥。追肥的最佳时期是拔节后至孕穗期，每亩用尿素 10 ~ 15kg。追肥时间过早或过迟，作用不大。追肥最好结合中耕进行，顺垄撒于行间，随即中耕培土，如浇水，先施肥再灌水，更能充分发挥肥效。二是中耕培土，这时期的中耕培土要进行 1 ~ 2 次，第一次清垄后结合追肥进行中耕培土。第二次在孕穗期结合追肥灌水进行，主要是浅锄，高培土，以促进根层数和根量的增多，增强吸收肥水的能力，防止后期倒伏，提高粒重，减少秕粒。中耕除草要做到"头遍浅，二遍深，三遍不伤根"。三是灌溉，谷子总的需水特点是：前期需水少耐旱，中期需水多怕旱，后期需水少怕涝。拔节到抽穗，土壤水分应不低于田间持水量的65%～75%。因此，进入拔节期后，就应根据土壤水分情况考虑灌溉。在谷子孕穗期直到抽穗，对水分要求多，只要此时土壤稍有干旱，就要浇丰产水。

三、开花成熟期管理

开花成熟期高产谷子的长相是"苗脚清爽，叶色黑绿，一绿到底，植株整齐，成熟时呈现绿叶黄谷穗，见叶不见穗"的丰产相。田间管理的主攻方向是攻籽粒，重点是防止叶片早衰，促进光合产物向穗部子粒转运和积累，减少秕粒，提高千粒重，保证及时成熟。具体措施：一是防旱、防涝。在干旱高温条件下，水分不足会影响谷子的开花授粉，空壳增多。缺水时要轻浇，使地面保持湿润。灌浆期如遇干旱，即"夹秋旱"，将严重影响光合作用的进行和光合产物的运转，粒重降低，秕粒增多。有灌水条件的要进行轻浇或隔行浇，但不要大水漫灌。浇水时要注意天气变化，低温时不浇，以免降低地温，影响灌浆成熟。风天不浇，以防引起倒伏。谷子开花后，根系生活力逐渐减弱。这时最怕雨涝积水。雨后应及时排水，浅中耕松土，改善土壤通气条件，有利于根系呼吸，促进灌浆成熟。二是防倒伏、防热伤。谷子进入灌浆期穗部逐渐加重，如根

系发育不良，刮风下雨易引起倒伏，防止措施是选用抗倒伏品种，加强田间管理，早间苗，蹲好苗，中耕高培土。在平川地和窝风地容易发生热伤，即谷子灌浆期茎叶骤然萎蔫，逐渐呈灰白色干枯状，有时还感染病害，造成严重减产，谷子生长愈旺盛的地块愈容易发生。热伤发生的原因比较复杂，但都是在土壤水分多，田间温度高、湿度大、通风透光不良的条件下发生的。防止的有效措施：适

当放宽行距，改善田间通风透光条件，高培土。天旱浇水在下午或晚上进行。在可能发生热伤时，及时浅锄散墒，促进根系呼吸。三是攻饱粒、防秕谷。主要措施是实行合理轮作倒茬，选用抗倒伏、抗病品种，异地引种。适期播种，合理密植，增施有机肥、氮肥，并注意氮、磷、钾配合。谷子开花灌浆期根外喷施磷酸二氢钾等。

四、适期收获

谷子收获过早或过晚，都会影响产量和品质，谷子开花时间较长，同一个穗上小花开花时间相差 10 天左右，成熟期不一致。收获过早籽粒尚未成熟，不但产量低而且品质差，收获过晚则易落粒减产，一般以蜡熟末期或完熟初期，即颖壳变黄，谷穗断青，籽粒变硬时收获最好。

最佳收获期的特征是：当检查穗中下部子粒颖壳已具有本品种所固有的色泽，子粒背面颖壳呈现灰白色，即所谓的"挂灰"时，子粒变硬、断青，这说明全穗已充分成熟，不论其茎叶青黄都要开镰收获，已防落镰减产。谷子有后熟作用，收后不应立即脱粒，可先运到场上垛好，7～10 天后打场脱粒，这样胚乳发育完全，成熟性状好，产量、质量都提高。

◇ 思考与练习 ◇

1. 在田间做好出苗率与基本苗的调查，缺苗断垄调查，苗基数调查并做好记录，查找原因，为下一季生产服务。

2. 根据所学理论，制定自家谷田的管理方案，并能根据当地气候条件灵活管理。

3. 掌握谷子的收获标准，适时收获和储藏。

第五节 病虫害防治

一、谷子主要虫害

（一）地下害虫

1. 种类

为害谷子的地下害虫主要有蛴螬、蝼蛄、金针虫、小地老虎等，这类害虫种类繁多，危害性大，主要取食谷子的种子、根、茎、幼苗等，经常造成缺苗断垄或使幼苗生长不良。

2. 防治措施

（1）深耕耙耱。在土壤封冻前 1 个月，深耕土壤 35cm，并随耕拾虫，通过翻耕，可以破坏害虫生存和越冬环境，减少次年虫口密度，早春耕耙，也可消灭部分虫源。

（2）灌水灭虫。在水源条件较好的地区，可以采取灌水措施，能收到一定的灭虫效果。

（3）灯光诱杀。利用地下害虫成虫的趋光性，在成虫盛发期，可采用黑光灯、频振式杀虫灯进行诱杀。

（4）药剂拌种。由于谷子用种量少和谷种小的特点，特别要注意用药量的多少和拌种方法。

（二）栗灰螟

栗灰螟属鳞翅目，螟蛾科。又名谷子钻心虫、枯心虫和蛀谷虫等。主要危害谷子，还危害玉米、高粱、糜、黍等。

1. 危害与识别

以幼虫蛀入茎基部造成枯心死苗或蛀食茎秆，造成白穗，遇风倒折形成秕穗。成虫：体长8.5～10mm，前翅近长方形，淡黄而近鱼白色，弥散不规则黑褐色小鳞片，翅中央有一小黑点，沿外缘有7个小黑点，后翅灰白色。卵椭圆形，初产乳白色，孵化前灰黑色。卵块扁平，每块10～30粒。幼虫老熟时体长15～23mm，头部赤褐色或黑褐色，体黄白色，背面有5条紫褐色纵线。蛹体长约12mm，黄褐色，第5～7腹节背面，第7腹节面各有褐色齿状突起数个。

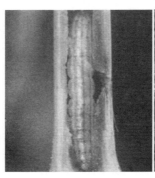

2. 生活习性

一年发生2～3代，以老熟幼虫在谷茬中越冬，仅少数在谷草内越冬。春季化蛹、羽化。成虫白天躲藏在谷苗或其它植株茎叶间，夜晚活动产卵，卵产在谷叶背面，每头雌蛾产卵200粒左右。初孵幼虫1～3天后，自谷苗地面分蘖处或茎基部蛀入茎内危害，3龄后能转株危害，老熟后在茎内化蛹，一般早播春谷受害较重。

3. 防治方法

（1）农业防治。①清除谷茬：在谷子收获后及春播前，结合整地把谷茬拾出集中深埋沤肥或集中烧毁。②因地制宜调节播种期，躲过产卵盛期。③选种抗虫品种，种植早播诱集田，集中防治。④及时拔出枯心苗，携出田外深埋，减少扩散为害。

（2）化学防治。粟灰螟用药最佳时期是卵盛孵期至幼虫蛀茎之前，主要施撒毒土。可于成虫产卵盛期，用3%呋喃丹500～700g，加细土颗粒30kg，或用5%西维因粉剂1.5～2kg，拌细土20kg制成毒土，搅拌均匀，顺垄撒在谷苗的根际。也可用 2.5% 溴氰菊酯乳剂 2000 倍液，喷于谷叶背面，对各代幼虫均可起到良好的防治效果。

（三）粘虫

粘虫属鳞翅目夜蛾科，别名粟夜盗虫、剃枝虫。俗名五彩虫、麦蚕等。除新疆未见报道外，遍布全国各地。寄主为麦、稻、粟、玉米等禾谷类粮食作物及棉花、豆类、蔬菜等 16 科 104 种以上植物。

1. 为害特点

幼虫食叶，大发生时可将作物叶片全部食光，造成严重损失。因其群聚性、迁飞性、杂食性、暴食性，成为全国性重要农业害虫。

2. 形态特征

成虫体长 15～17mm，翅展 36～40mm。头部与胸部灰褐色，腹部暗褐色。前翅灰黄褐色、黄色或橙色，变化很多。内横线往往只现几个黑点，环纹与肾纹褐黄色，界限不显著，肾纹后端有一个白点，其两侧各有一个黑点，外横线为一列黑点，亚缘线自顶角内斜至 Mz，缘线为一列黑点。后翅暗褐色，向基部色渐淡。

卵长约 0.5mm，半球形，初产白色渐变黄色，有光泽，卵粒单层排列成行成块。老熟幼虫体长 38mm，头红褐色，头盖有网纹，额扁，两侧有褐色粗纵纹，略呈八字形，外侧有褐色网纹。体色由淡绿至浓黑，变化甚大（常因食料和环境不同而有变化）。在大发生时背面常呈黑色，腹面淡污色，背中线白色，亚背线与气门上线之间稍带蓝色，气门线与气门下线之间粉红色至灰白色。腹足外侧有黑褐色宽纵带，足的先端有半环式黑褐色趾钩。蛹长约 19mm，红褐色，腹部 5～7 节背面前缘各有一列齿状点刻，臀棘上有刺 4 根，中央 2 根粗大，两侧的细短刺略弯。

3. 生活习性

年发生世代数全国各地不一，从北至南世代数为：东北、内蒙古年生 2～3

代，华北中南部 3~4 代，江苏淮河流域 4~5 代，长江流域 5~6 代，华南 6~8 代。粘虫属迁飞性害虫，其越冬分界线在北纬 33°一带。在北纬 33°以北地区任何虫态均不能越冬，在湖南、江西、浙江一带，以幼虫和蛹在稻桩、田埂杂草、绿肥田、麦田表土下等处越冬。在广东、福建南部终年繁殖，无越冬现象。北方春季出现的大量成虫系由南方迁飞所至。成虫产卵于叶尖或嫩叶、心叶皱缝间，常使叶片成纵卷。初孵幼虫腹足未全发育，所以行走如尺蠖，初龄幼虫仅能啃食叶肉，使叶片呈现白色斑点。3 龄后可蚕食叶片成缺刻，5~6 龄幼虫进入暴食期。幼虫共 6 龄，老熟幼虫在根际表土 1~3cm 做土室化蛹。发育起点温度：卵 13.1℃±1℃，幼虫 7.7℃±1.3℃，蛹 12.0℃±0.5℃，成虫产卵 9.0℃±0.8℃，整个生活史为 9.6℃±1℃。有效发育积温：卵期 4.3 日度，幼虫期 402.1 日度，蛹期 121.0 日度，成虫产卵 111 日度，整个生活史为 685.2 日度。成虫昼伏夜出，傍晚开始活动。黄昏时觅食，半夜交尾产卵，黎明时寻找隐蔽场所。成虫对糖醋液趋性强，产卵趋向黄枯叶片。在麦田喜把卵产在麦株基部枯黄叶片叶尖处折缝里。在稻田多把卵产在中上部半枯黄的叶尖上，着卵枯叶纵卷成条状。每个卵块一般 20~40 粒，成条状或重叠，多者达 200~300 粒，每头雌虫一生产卵 1000~2000 粒。初孵幼虫有群集性，1、2 龄幼虫多在麦株基部叶背或分蘖叶背光处为害，3 龄后食量大增，5~6 龄进入暴食阶段，食光叶片或把穗头咬断，其食量占整个幼虫期 90% 左右，3 龄后的幼虫有假死性，受惊动迅速卷缩坠地，畏光，晴天白昼潜伏在麦根处土缝中，傍晚后或阴天爬到植株上为害，幼虫发生量大食料缺乏时，常成群迁移到附近地块继续为害。老熟幼虫入土化蛹，适宜温度为 10~25℃，相对湿度为 85%。产卵适温 19~22℃，适宜相对湿度为 90% 左右，气温低于 15℃ 或高于 25℃，产卵明显减少，气温高于 35℃ 即不能产卵。湿度直接影响初孵幼虫存活率的高低。该虫成虫需取食花蜜补充营养，遇有蜜源丰富，产卵量高。幼虫取食禾本科植物的发育快，羽化的成虫产卵量高。成虫喜在茂密的田块产卵，生产上长势好的小麦、粟、水稻田、生长茂密的密植田及多肥、灌溉好的田块，利于该虫大发生。天敌主要有步行甲、蛙类、鸟类、寄生蜂、寄生蝇等。

4. 防治方法

①诱杀成虫。利用成虫多在禾谷类作物叶上产卵习性，在麦田插谷草把或稻

草把，每亩60～100个，每5天更换新草把，把换下的草把集中烧毁。此外也可用糖醋液、黑光灯等诱杀成虫，压低虫口。②根据预测预报，掌握在幼虫3龄前及时喷撒2.5%敌百虫粉，每亩喷1.5～2.5kg。有条件的喷洒90%晶体敌百虫1000倍液或50%马拉硫磷乳油1000～1500倍液、90%晶体敌百虫1500倍液加40%乐果乳油1500倍液，每亩喷兑好的药液75kg。提倡施用激素农药，每亩用20%除虫脲胶悬剂10ml，兑水12.5kg，用东方红18型弥雾机喷洒。

二、谷子主要病害

（一）谷子黑穗病

1. 症状

在抽穗前一般不显症状，抽穗后不久，穗上出现子房肿大成椭圆形、较健粒略大的菌瘿，外包一层黄白色薄膜，内含大量黑粉，即病原菌冬孢子。膜较坚实，不易破裂，通常全穗子房都发病，少数部分子房发病，病穗较轻，在田间病穗多直立不下垂。

2. 病原

病原菌以冬孢子附着在种子表面上越冬。来年带菌种子播种萌芽后，冬孢子也萌发侵入幼芽，随植株生长侵入子房内，形成黑粉。冬孢子在土温12～25℃之间均可萌发侵染。

3. 防治方法

①建立无病留种田，使用无病种子。②进行种子处理。可用50%可美双可湿性粉，或50%多菌灵可湿性粉，按种子重量的0.3%拌种。也可用苯噻氰按种子重量的0.05%～0.2%拌种。用40%拌种双可湿性粉以0.1%～0.3%剂量拌种，粉锈宁以0.3%剂量拌种效果也很好。③实行3～4年的轮作。

（二）谷子白发病

1. 症状

谷子白发病是谷子的主要病害，病原为谷子白发病菌。病菌的侵染主要发生在谷子的幼苗时期。种子上沾染的和土壤、肥料中的卵孢子发芽后，用芽管侵入谷子幼芽芽鞘，随着生长点的分化和发育，菌丝达到叶部和穗部。谷子白发病在谷子的不同生育阶段出现不同的症状，因而获得不同的症状名称："芽腐"、"灰背"、"白尖"、"枪杆"、"白发"和"刺猬头"（看谷老）。此外，局部侵染还可引致叶斑。未出土的幼芽严重发病的，出土后的幼苗及其叶子变色、扭曲或腐烂，幼苗长出 3 ~ 4 片叶时，至抽穗前期间，均可出现叶片稍卷曲，呈现浅绿色至黄白色的条纹，叶的背面出现白粉状霉层是病菌无性繁殖阶段的孢子囊柄和孢子囊，此后叶片变黄、枯死。将近抽穗时，心叶变白，卷成矛头状，不易展开，进而心叶由白色变为黄褐色，内部组织被病菌破坏涣散成发状，且有黄粉状的病菌卵

谷子白发病病害循环
1. 卵孢子越冬　2. 卵孢子萌发从幼芽鞘侵入　3. 灰背　4. 白尖
5. 白发、看老谷　6. 再侵染引致局部病斑　7. 再侵染引起系统发病

孢子散出。病株不能抽穗，有时虽能抽穗，但成畸形，不结果实。病穗上的小花内外颖受病菌刺激而伸长成小叶状，全穗像个鸡毛帚。主要类型有以下几种：

芽腐（芽死）：土壤菌量大、品种高度感病、环境条件极有利时，刚萌芽的种子即大量被侵染，幼芽弯曲，加上腐生菌的二次侵染，致使出土前完全腐烂，造成缺苗。

灰背：受侵幼苗高 6 ~ 10cm，3 ~ 4 片叶时开始出现症状。发病叶片略肥厚，叶片正面出现污黄色、黄白色不规则形条斑，潮湿时叶片背面密生灰白色霜霉状物。

白尖：轻病苗继续生长，株高 60cm 左右，病株新叶正面出现与叶脉平行的黄白色条纹，多条时常汇成条斑，背面生白色霜霉状物，以后的新叶不能展开，全叶呈白色，卷筒直立向上，十分注目，称为"白尖"，白尖不久逐渐变褐枯干，直立于田间，成为枪杆。

枪杆心叶组织薄壁细胞逐渐被破坏而散出大量黄色粉末，仅留一把细丝，以后丝状物变白、略卷曲，称为白发，病株不能抽穗。

看谷老：部分病株由于病势发展较慢，旗叶呈严重灰背但未表现白尖，能抽穗或抽半穗，穗畸形，内外颖受刺激变形成小叶状而卷曲呈筒状或角状，丛生，向四外伸长，全穗蓬松，短而直立，呈刺猬状，称"刺猬头"，不结粒或部分结粒。除以上典型症状外，有些病株还表现节间缩短，植株矮缩，侧芽增多，叶片丛生或在穗上产生丛生叶状侧枝等症状。

局部叶斑：灰背叶片上产生的大量孢子囊传播到其他叶片上，适宜条件下萌发侵入而形成局部叶斑。初在嫩叶上出现不规则形块斑，黄色，以后变黄褐色或紫褐色，病斑背面密生白色霜霉状物。老熟叶片受侵后仅形成黄褐色坏色圆斑，霉状物不明显。

2. 防治方法

①选用抗病品种，建立无病留种地获得无病种子，用种衣剂加新高脂膜对种子进行拌种处理（可有效避免地下病虫，隔离病毒感染，加强呼吸强度，提高种子发芽率和出苗率）。②重病田块，实行2~3年轮作倒茬。③在心叶成发状前，及时拔除病株，并及时带出田间予以处理。在间苗时拔去"灰背"病苗，发现了"白尖"，趁卵孢子未成熟时连同以下两片叶子拔除。作物生长过程中要做到水肥平衡。在抽穗期前喷施壮穗灵，以强化作物生理机能，提高授粉、灌浆质量，增加千粒重。④忌用带病谷草沤肥，避免粪肥传染。⑤种子处理：每50kg种子，喷洒300倍福尔马林液70ml，喷后用麻袋覆盖5h，或用50℃温水浸种20min。用种子重量0.3%的瑞毒霉、或瑞毒锰锌拌种。

三、谷子病虫害综合防治

谷子病虫害防治的原则是"预防为主，综合防治"。要防治好谷子病虫害，必须要抓住关键环节，并要采取综合措施。

1. 彻底清除谷茬、谷草和杂草

因为谷茬、谷草和地边杂草是这些病虫害的主要过冬场所，所以要结合秋耕地，在来年 4 月底前，将这些东西彻底清除干净，这样可大大减轻粟灰螟的发生。

2. 轮作倒茬

与马铃薯、豆类、玉米、小麦等作物轮作倒茬 2 年以上。

3. 适当晚播

白发病、粟灰螟等主要为害早播谷子，所以适当晚播可减轻病虫害的发生。

4. 药剂拌种

先用清水或米汤水将谷种拌湿，再按每 500g 种子用 2～3g58% 甲霜灵锰锌可湿性粉剂或 50% 多菌灵粉剂的比例，将药拌在种子上，然后下种，可有效防治白发病（即看谷老）。

5. 撒毒土

6 月上、中旬，用 50% 辛硫磷乳油 100g，加适量水后与 20kg 细土搅拌均匀，每亩撒施毒土 40kg 左右，撒时要对准谷苗撒，撒成一个药带，可防治粟灰螟，减少枯心苗。

6. 及时拔掉枯心苗

一旦发现枯心苗，要立即拔掉，并带出地块烧毁或深埋，以防止粟灰螟在这些枯心苗中长大后，再从里面钻出来为害其它谷子植株。

7. 及时拔掉看谷老、黑穗等谷株

一旦发现谷子植株已成为看谷老或黑穗，要及时将其拔掉，并带出地块烧毁或深埋，以防止这些病菌扩散为害。

8. 喷药治虫

在间谷苗（即锄小苗）前后，可用 10% 氯氰菊酯乳油、40% 乐果乳油配成 1000 倍液对准谷苗喷洒，可防治粟叶甲（为害后造成白叶）、粟芒蝇（为害后造成枯心）、粟茎跳甲（为害后造成丛生坐坡）等害虫。6 月 20 日前后，若发现有粘虫（咬食叶片成孔洞或缺刻），可用苏得利与快杀灵等混合喷洒，多喷叶背面进行防治。

------------------ ◇思考与练习◇ ------------------

在当地生产中发生过那些病虫害，你是怎样防治的？根据所学写出具体病虫害的综合防治方案。

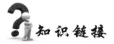知识链接

谷子优良品种

1. **乌米绿谷子**

谷色灰白，米色碧绿，米质优良，饭柔味香，回味悠长，为营养型、功能型、食疗型保健食品。蛋白质含量高达 12.8%，脂肪、维生素、矿物质和纤维素等也远远高于普通小米的含量，属于丰富类型。蛋氨酸含量为 300mg 至 100g，而大米为 125mg 至 100g，小麦为 151mg 至 100g，维生素 B_1 的含量超过小麦面粉 23.9%，超过玉米面 38.8%，铁的含量在 5 种粮食作物中居首位，同时还含有较多的人体可利用的有机硒，可食用纤维素是大米的 5 倍，可谓是一枝独秀。乌米绿谷子是我国科研单位从谷子种质资源基因库中发掘出来的唯一绿色谷子品种，它的上市弥补了我国谷子家族中没有绿色小米的空白，为人类保健防病，延年益寿提供了一个弥足珍贵的产品，已成为万众青睐的"绿色珍珠"。最近在国际上引起了极大的关注，现已被国家指定在某地区繁育，逐步推广。

乌米绿谷子株高140cm，茎粗1.0cm左右，分蘖3～4株，均能正常成熟，穗形棒状，出米率80%以上，生育期110～120天。秆强抗倒伏、高抗谷瘟病、玉米螟、黑穗病、抗干旱、耐瘠薄，适应性广，全国凡是能种谷子的地方都能够种植。

2. 黑选一号

黑米谷子品种"黑选一号"是天然黑色食品家庭的新成员，具有较高的营养价值和保健作用。本品由山西省农科院牛西午选育而成，平均株高130cm，穗长30cm。谷灰色，米淡黑色。出米率80%，春播135天，夏播110天。分蘖力强，叶片功能期长，根系发达，耐瘠薄，高产稳产，抗灾力强。食用口感好，米饭香，黏性强，油性大，无米渣，获1995年全国农业博览会金奖。合理密植，亩播量0.5～7.5kg，亩留苗1万～2万株。亩产400kg左右，适宜在无霜期150天以上的地区种植。

3. 沁州黄（沁州黄小米）

产地：中国山西沁县。

分布：主产地在沁县次村乡檀山、东庄、徐家庄等十几个行政村。

典故：沁州黄，原名"爬山糙"。相传300多年前，沁县檀山庙的和尚，垦荒种植一种叫"爬山糙"的谷种，经多年选育而成为现在的沁州黄。此谷碾出的小米颗粒圆润，米色金黄油润，晶莹透亮，当地群众称之为金珠子。

特点：沁州黄栽培历史悠久，米粒蜡黄透明，食味郁香，是粟中珍品，素有"中国米王"之称。用其煮稀饭锅边不挂米粒，蒸焖干饭松软喷香，别有风味。

成份：据山西省农业科学院和山西农业大学化验测定：沁州黄小米含淀粉57.55%，蛋白质10.12%，指防4.22%（均高于大米、白面），比普通小米高1%～2.5%。可溶性糖类的含量达1.6%，含18种人体所需的氨基酸7.653mg，营养极为丰富，是老幼、产妇最佳营养保健食品。

功效：据老中医临床使用证明，沁州黄小米为清凉性滋养强壮品，对于各种炎症、高血压、癌症均有一定的预防和抑制作用。

奖项：1919年在印度巴拿马国际博览会上获金奖。1986年4月在石家庄举行的中国作物协会谷子专业委员会成立大会上，全国83名谷子专家对来自全国的46个名优谷子品种进行鉴定，沁州黄被评为一级优质米，命名为全国最佳小米，并定为评定全国小米的标准种。1988年4月在 河南洛阳全国赛米会上再次夺冠。1990年在北京举行的全国第五届农业优质产品展销会上名列榜首。1992年获山西省贫困地区首届农副工矿土特产品展销会金奖。1993年获山西省首届农业博览会金奖。

4. 东方亮（原名御米）

产地：中国山西广灵。

分布：主要分布在广灵县境内壶流两岸的城关、加斗、宜兴、蕉山、作町、平城诸平川乡镇及南村、玉洼、斗泉、梁庄丘陵乡镇。

特点：东方亮谷子，属中晚熟品种。谷粒有光泽呈浅黄色，米粒深黄色，出米率82%左右。米粒均匀，米质好，粳性，香甜可口。

成份：东方亮谷子营养丰富，含粗蛋白11.55%，粗脂肪9.18%，赖氨酸占蛋白质的1.90%，碳水化合物为76.6%，食用纤维占0.1%，灰分1.4%，并含有铁、磷等营养元素。

5. 隆化小米

产地：中国山西翼城。

分布：主产区为地处海拔800～1500m的丘陵山区的隆化、甘泉、桥上三个乡镇。

典故：相传尧王东渡时，在隆化一宿，贡膳以小米粥，尧王食后赞不绝口，之后成为历代王朝的贡品，声誉久盛不衰。

特点：隆化小米色泽金黄，香味纯正，口感绵软，蒸、煮皆宜，以小米粥为最佳。

成份：隆化小米含有丰富的蛋白质、脂肪、糖、维生素、钙、铁、磷等人体所需的各种营养成份和微量元素。

功效：具有促进新陈代谢，提高身体免疫力和孕妇产后迅速恢复的功效，尤其适用于老人、小孩、产妇食用。

6. 泽州香

产地：中国山西晋城。

分布：泽州香主产于晋城市所辖郊区、陵川、沁水、阳城、高平等五县（市）的49个乡镇，品质最好的为陵川县西河府镇和晋城郊区大兴乡、铺头乡。

典故：据史料记载，《康熙字典》的总裁官陈廷敬系泽州人，他将家乡的小米进贡给康熙皇帝，康熙见米色金黄，食之香甜，即赐名泽州香并列为贡品。群众在交易中则称"泽州黄"。

特点：泽州香小米外观金黄圆润，饱满晶亮，蒸煮皆宜，粘软胶糊度适中，味道香甜可口。该品种生育期120～135天，耐旱，喜肥，亩产250kg左右。

成份：据测定，含蛋白质10.67%，脂肪5.68%（高于普通米2.78个百分点），赖氨酸0.28%，胶粘度150mm，碱硝指数2.1级，与沁州黄相等。

7. 承谷12号

是承德市农业科学研究所选育的高产、优质、抗病、抗倒、适应性广的谷子优良品种。2004年通过了国家鉴定。该品种幼苗浅紫色，株高140cm左右，叶片浓绿色，根系发达，茎秆坚韧，抗倒伏。穗纺锤形，穗较紧，穗长22～25cm，穗重20g左右，穗粒重15g左右，出谷率80%左右，千粒重3g左右。成熟时青枝绿叶，熟相好，谷粒浅黄色，米黄色，米质优良，有光泽。在河北省春播，全生育期120天左右。抗倒伏，抗白发病、黑穗病、病毒病、纹枯病发病轻。适宜在河北省春播区以及辽宁、山西、陕西、内蒙古、宁夏等省（区）无霜期在140天左右地区推广种植。

8. 张杂谷3号

2005年全国谷子品种鉴定委员会鉴定通过。幼苗叶片绿色，叶鞘绿色。植株叶片平展，株型半紧凑，株高160cm。果穗棍棒型，松穗紧码，穗长29.4cm。籽粒圆粒，黄谷黄米，千粒重3.1g。2010年农业部谷物及制品质量监督检测中心（哈尔滨）测定，粗蛋白11.12%，粗脂肪3.72%，粗淀粉65.59%，支链淀淀（占淀粉）70.59%，胶稠度131.0mm，糊化温度3.7级。2010年河北省农林科学院谷子研究所植物保护室人工接种抗性鉴定，中抗偏重谷锈病（2＋），抗黑穗病（病株率7.2%），抗白发病（病茎率8.6%）。水浇地亩保苗1.2万～1.5万株，旱地亩保苗0.8万～1.0万株。锈病重发区慎用，适宜地区内蒙古自治区呼和浩特市、赤峰市≥10℃活动积温2600℃以上适宜区种植。

第二章　燕　麦

第一节　概　述

一、燕麦的起源

燕麦 Oats（Avena sativa）为禾本科植物，一般分为带稃型和裸粒型两大类。世界各国栽培的燕麦以带稃型的为主，常称为皮燕麦。中国栽培的燕麦以裸粒型的为主，常称裸燕麦。裸燕麦的别名颇多，在中国华北地区称为莜麦，西北地区称为玉麦，西南地区称为燕麦，有时也称莜麦，东北地区称为铃铛麦。燕麦是一种低糖、高营养、高能食品。燕麦耐寒，抗旱，对土壤的适应性很强，能自播繁衍。燕麦富含膳食纤维，能促进肠胃蠕动，利于排便，热量低，升糖指数低，降脂降糖，也是高档补品之一，在贫苦地区是不可缺少的干粮。

燕麦属于小杂粮，裸燕麦成熟后不带壳，俗称油麦，即莜麦，国产的燕麦大部分是这种。皮燕麦成熟后带壳，如进口的澳洲燕麦。

在我国，燕麦（莜麦）是主要的高寒作物之一，为上等杂粮。集中产于坝上等高寒地区，其生长期与小麦大致相同，但适应性甚强，耐寒、耐旱、喜日照。

我国是燕麦的原产地之一，内蒙古武川县是世界燕麦发源地之一，被誉为中国的"燕麦故乡"。古书中早有记载，在《尔雅·释草》中名为"蘥"，《史记·司马相如传》中称"䅘"，《唐本草》中谓之"雀麦"。《本草纲目》说："燕麦多为野生，因燕雀所食，故名"。此外，《救荒本草》和《农政全书》等古籍中都有记述。唐代刘梦得有"菟葵燕麦，动摇春风"之句，说明燕麦在我国栽培利用历史悠久，且各地皆有分布，特别是华北北部长城内外和青藏高原、内蒙古、东北一带牧区或半牧区栽培较多。华北的长城内外和陕南秦巴山区高寒地带，由于气候凉爽，自古就广泛种植燕麦。在《唐书·吐蕃传》中记载了青藏高原一带早已种植着一种裸燕麦（也称莜麦）。这些都说明了我国是燕麦的起源中心之一。

二、生产与分布

燕麦是世界性栽培作物，分布在五大洲 42 个国家，但集中产区是北半球的温带地区。北纬 41°~43°是世界公认的燕麦黄金生长纬度带，那里是海拔 1000m 以上高原地区，年均气温 2.5℃，日照平均可达 16h，是燕麦生长的最佳自然环境。

燕麦在我国种植历史悠久，是我国高寒山区的主要粮饲兼用作物，播种面积和总产量仅次于小麦、玉米、水稻、大麦、高粱，居第 6 位。遍及各山区、高原和北部高寒冷凉地带。燕麦生产主要分布于华北、西北的北方中、晚熟燕麦亚区和西南晚熟燕麦区，其主要种植省区有内蒙古、河北、山西、甘肃、陕西、宁夏、云南、四川、贵州、青海等。此外，新疆、黑龙江、辽宁、吉林、西藏亦有零星种植，全国共有 210 个县（旗）种植燕麦。燕麦集中产区是内蒙古阴山南北，河北省坝上、燕山地区，山西省太行、吕梁山区，陕、甘、宁三省（区）的六盘山山麓以及云、贵、川三省大小凉山等地。历年种植面积 1800 万亩，其中裸燕麦 1600 多万亩，占燕麦播种面积 92%。近这些年来，全国播种面积下降到 1500 万亩，但由于新品种的不断推广和栽培技术水平的提高，平均亩产从 50kg 提高到 75kg。

三、燕麦对生态环境的要求

1. 温度

燕麦喜凉爽怕不耐寒。温带的北部最适宜于燕麦的种植，种子在 2~4℃就能发芽，幼苗能忍受 -2～4℃ 的低温下环境，在麦类作物中是最不耐寒的一种。中国北部和西北部地区，冬季寒冷，只能在春季播种，较南地区可以秋播，但须在夏季高温来临之前成熟。

2. 水分

燕麦对水分的要求比大麦、小麦高。种子发芽时约需相当于自身重 65% 的水分。燕麦的蒸腾系数比大麦和小麦高，消耗水分也比较多，生长期间如水分不足，常使子粒不充实而产量降低。

3. 土壤

在优良的栽培条件下，各种质地的土壤上均能获得好收成，但以富含腐殖质的湿润土壤最佳。燕麦对酸性土壤的适应能力比其他麦类作物强，但不适宜于盐碱土栽培。

四、植物学特征

燕麦株高 60～120cm，须根系，入土较深。幼苗有直立、半直立、匍匐 3 种类型。抗旱抗寒者多属匍匐型，抗倒伏耐水肥者多为直立型。叶有突出膜状齿形的叶舌，但无叶耳。圆锥花序，有紧穗型、侧散型与周散型 3 种。普通栽培燕麦多为周散型，东方燕麦多为侧散型。分枝上着生 10～75 个小穗；每一小穗有两片稃片，内生小花 1～3 朵，也偶有 4 朵者，裸燕麦则有 2～7 朵。自花传粉，异交率低。除裸燕麦外，子粒都紧包在内、外稃之间。千粒重 20～40g，皮燕麦稃壳率 25%～40%。

燕麦是长日照作物。喜凉爽湿润，忌高温干燥，生育期间需要积温较低，但不适于寒冷气候。种子在 1～2℃ 开始发芽，幼苗能耐短时间的低温，绝对最高温度 25℃ 以上时光合作用受阻。蒸腾系数 597，在禾谷类作物中仅次于水稻，故干旱高温对燕麦的影响极为显著，这是限制其地理分布的重要原因。对土壤要求不严，能耐 pH5.5～6.5 的酸性土壤。在灰化土中锌的含量少于 0.2mg/kg 时会严重减产，缺铜则淀粉含量降低。

五、营养与保健功能

据中国医学科学院卫生研究所综合分析，中国裸燕麦含粗蛋白质达 15.6%，脂肪 8.5%，还有淀粉及磷、铁、钙等元素，与其他 8 种粮食相比，均名列前茅。燕麦中水溶性膳食纤维分别是小麦和玉米的 4.7 倍和 7.7 倍。燕麦中的 B 族维生素、尼克酸、叶酸、泛酸都比较丰富，特别是维生素 E，每 100g 燕麦粉中高达 15mg。此外燕麦粉中还含有谷类食粮中均缺少的皂甙（人参的主要成分）。蛋白质的氨基酸组成比较全面，人体必需的 8 种氨基酸的含量均居首位，尤其是含赖氨酸高达 0.68g。燕麦含有维生素 E，可以预防胆固醇堵塞血管，清除体内垃圾，建议男士们应多吃这类食物。燕麦中含有丰富的可溶纤维素，可以通过清理胆固醇来保护男人的心脏和血管，减少罹患高血压、中风等疾病的风险。

燕麦的医疗价值和保健作用，已被古今中外医学界所公认。据 1981～1985 年中国农科院与北京市心脑血管研究中心、北京市海淀医院等 18 家医疗单位 5 轮动物试验和 3 轮 997 例临床观察研究证明，裸燕麦能预防和治疗由高血脂引发的心脑血管疾病。即服用裸燕麦片 3 个月（日服 100g），可明显降低心血管和肝脏中的胆固醇、甘油三脂、β－脂蛋白，总有效率达 87.2%，且无副作用。对于因肝、肾病变，糖尿病，脂肪肝等引起的继发性高脂血症也有同样明显的疗效。长期食用燕麦片，有利于糖尿病和肥胖病的控制。

六、前景展望

在中国人民日常食用的小麦、稻米、玉米等 9 种食粮中，以燕麦的经济价值最高，其主要表现在营养、医疗保健和饲用价值均高。1997 年美国 FDA 认定燕麦为功能性食物，具有降低胆固醇、平稳血糖的功效。美国《时代》杂志评选的"全球十大健康食物"中燕麦位列第五，是唯一上榜的谷类。燕麦中的 β－葡聚糖可减缓血液中葡萄糖含量的增加，预防和控制肥胖症、糖尿病及心血管疾病。燕麦富含的膳食纤维具有清理肠道垃圾的作用，使得人们尤其是女性越来越青睐它。

随着科学知识的普及和人们饮食健康理念的形成，燕麦的营养价值、医用价值、食疗价值、美容功效等价值的开发，为燕麦提供了越来越大的市场空间，开发高附加价值燕麦制品，必将促进以燕麦为基本原料的保健食品、医药产业的快速发展。世界各国燕麦研究都十分重视，在国外研究的基础上，我国对燕麦资源β-葡聚糖和抗氧化成分的含量、分布、结构和生理功能进行深入研究。系列燕麦保健食品的开发，具有显著的社会效益和经济效益，广泛提高了我国人民的健康水平，并有着广阔的市场和开发前景。

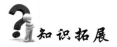
知识拓展

燕麦食用指南

食用方法

燕麦比较常见的食用方法是用燕麦米煮粥，燕麦粉也可做食物，也可以搭配牛奶什锦做做成混合食品、松饼、甜酒和饮料，也常被加入汤、肉麦粥，还可用于制作蛋糕、果冻、啤酒和饮料。燕麦麸可以单独食用，如熬制燕饼、蛋糕和面包里，也可以和其他食物一起食用。晋西北群众在长期生活实践中摸索了花样繁多的燕麦吃法。西北地区的人们都是"三生三熟"的吃法。

以五寨为例，在面板上可推成刨花状的"猫儿朵窝窝"，可搓成长长的"鱼鱼"，用熟山药泥和莜面混合制"山药饼"，用熟山药和燕麦拌成小块状再炒制成"谷垒"，将生山药蛋磨成糊状和莜面挂成丝丝的"圪蛋子"，小米粥煮拨鱼鱼的"鱼钻沙"，燕麦包野菜的"菜角"，更直接地将燕麦炒熟加糖或加盐的"炒面"等等，各具风味，百吃不厌，燕麦食品常常用以待客，并作为礼物相赠。

燕麦米的食用方法

近些年来，燕麦经加工可制成去壳破壁的燕麦米、燕麦粉、燕麦饼干、燕麦片、燕麦糕点，食路越来越宽了。燕麦除果腹之外，还有医药保健作用，用于产妇催乳、婴儿发育不良以及老年体弱症。

燕麦含高蛋白低糖，是糖尿病人的极好食品，脂肪中较多的亚油酸可降低胆固醇在心血管中的积累，降血脂，对动脉粥样硬化性冠心，日进食100g燕麦米后，临床可见，胆固醇、B脂蛋白、甘油三脂及体重都明显降低，对于因肝、肾病变、糖尿病等引起的继发性高血脂症也有同样明显疗效。

燕麦米的食用方法如下：

1. 煮粥

电饭锅：1∶15 的米水比例，35min 左右即可。

注意：

A. 煮粥要多放点水。

B. 可以搭配红豆、南瓜、紫薯、绿豆等，味道会更好。

2. 煮饭

（搭配大米）1∶4 的比例，燕麦米的比例是1，大米的比例是4，然后按照正常煮大米饭的水米比例就可以。

3. 榨露

将适量燕麦米和水放入榨汁机，按照常规的榨汁程序即可，可配以苹果、香蕉等水果一起榨。

特色食用方法：

什锦果粒

2匙蒸熟的燕麦米和1匙黑芝麻粉放在碗中，加入苹果丁和香蕉丁，加开水适量搅匀后用微波炉加热3min，取出滴入两滴橄榄油即可。

营养点评

苹果和香蕉中维生素C不多，因此不用担心加热损失。不过其中的钾、镁、果糖和可溶性膳食纤维比较多，与燕麦一起，对心血管保健和稳定血糖、降低血胆固醇更有好处。这个粥很适合冬天早上吃，暖胃又提神。

奶香蛋羹

10g奶酪切成细末，与2汤匙燕麦粉（用燕麦米磨粉而成）、1个打好的鸡蛋液、1袋牛奶放到一起搅拌均匀，倒入有盖的碗中，或用优质保鲜膜封严，蒸锅上气后蒸10~15min即可。

营养点评

家中有幼儿或体弱老人的，可以把燕麦米磨成粉做成蛋羹一起吃。不但营养不会损失，还更好吸收。另外，鸡蛋除了富含优质蛋白、卵磷脂和叶黄素，还含有维生素D，可以帮助牛奶和奶酪中钙的吸收。此菜对于补钙格外有益。

果干蜂糕

把燕麦、玉米面、黄豆面、葡萄干、枸杞混合，加入酵母粉拌匀，加水和成稍软的面团。面团饧发20min后，蒸25min关火即可。

营养点评

燕麦做成蜂糕后不但增加了膳食纤维总量，还因为用葡萄干和枸杞代替了糖，使蜂糕的甜度降低，而风味不减。燕麦和玉米中都缺乏赖氨酸，而黄豆粉里面富含赖氨酸，可以增强其中蛋白质的吸收利用。

适合人群

燕麦对于常常处于紧张状态的现代上班族来说，是一种兼顾营养又不至于发胖的健康食品。而对于心脑血管人群、肝肾功能不全者、肥胖者、中年人还有想要减肥的女性更是保健佳品。

一般人群均可食用，适宜产妇、婴幼儿、老年人以及空勤、海勤人员食用。也适宜慢性病人，脂肪肝，糖尿病，浮肿，习惯性便秘者，体虚自汗、多汗、易汗、盗汗者以及高血压病，高脂血症，动脉硬化者食用。

食用注意事项

燕麦食用时也有一些注意的地方。一次不宜食用太多，否则会造成胃痉挛或腹胀。

第二节　播前准备

一、选择适宜的生态区域

根据以下几方面燕麦对气候、土壤的适应特点，确定燕麦栽培的适宜生态区域。

1. 喜冷凉、忌高温

燕麦对生育期间要求的温度比较低，生育期间需≥5℃的积温为1300～1500℃，种子在1～2℃时即能萌发，当地温稳定在3～4℃时即可播种。幼苗期可忍耐 –2～–4℃低温。各生育阶段的适宜温度是：出苗至分蘖期12～15℃，拔节至孕穗期为18～20℃，抽穗开花期18～24℃，灌浆期15～18℃，生育期中日均温大于25℃时，单位面积的干物质积累会明显下降。

2. 喜湿润、忌干燥

燕麦是需水较多的作物，种子萌发就需要较多的水分，约为自身种子重量的65%。蒸腾系数随大气的变化幅度在258～676之间，气候湿润地区，燕麦耗水量降低，干旱地区耗水量增高。燕麦生育各期的耗水量，除苗期抗旱力强，耗水量较少外，其他生育期耗水量均较高，特别是抽穗前遭受干旱就会造成大幅度减产。对于地处高海拔冷凉山区，昼夜温差大，湿度较高，夜间土壤常回湿，对缓解冬春干旱对燕麦的影响有明显作用。

3. 土壤选择不严，适应性广

燕麦一方面具有较强大的根系，吸肥力强，另一方面它在土壤pH值为5～8的范围内均能种植，适应范围较其他麦类宽，能在多种类型的土壤上栽培。但从高产角度要求，仍以富含有机质的湿润土壤或黏壤土为佳，忌干燥沙土栽培。

二、茬口选择

燕麦同其他多数作物一样，不宜连作。长期连作一是病害多，特别是坚黑穗病，条件适宜的年份甚至会蔓延。二是杂草多，燕麦幼苗生长缓慢，极易被杂草危害。特别是野生燕麦增多，严重影响燕麦生长。三是不能充分利用养分，燕麦连作，每年消耗同类养分，造成土壤里某些养分严重缺乏。燕麦是一种喜氮作物，需要较多氮素，如果常年连作，造成氮素严重缺乏，就会使燕麦生长不良，在水肥不足的情况下，影响就更大。因此种植燕麦必须进行合理的轮作倒茬，这样不仅使病菌和燕麦草生长的环境条件改变，便于铲除和控制其发生，而且由于前茬作物品种不同和根系深浅所吸收的养分不同，可以调节土壤中的养分。燕麦属须根系作物，一般只吸收耕作层养分，便于和小麦、玉米、谷子、马铃薯、胡麻、豆类等作物轮作倒茬。其中，豆类作物是燕麦的最好前作。在秋燕麦区主要作物有春小麦、燕麦、马铃薯、胡麻、油菜和豆类。该区的坡梁旱地主要采用豌豆与燕麦或马铃薯与燕麦轮作的耕作方式。豌豆根部有根瘤菌，可以把空气中的氮素固定到根瘤之中，增加土壤中的氮素。豌豆又是夏季作物，收获早，土壤中可蓄积较多的水分。在滩川地采用燕麦和豆类间作的耕作方式，可以充分利用土壤中的养分，提高燕麦产量。在夏燕麦区及夏秋燕麦交错区，主要作物有小麦、玉米、豆类、甜菜和燕麦。该区主要采用玉米和燕麦，燕麦和豆类间作的耕作方式，变单作为双作。由于两种作物播期不同，生育期互相错开，因此，可以充分利用阳光，又由于两种作物根系不同，燕麦属须根系作物，吸收耕作层养分，豆类属直根系作物，吸收深层养分，互不争肥。

三、土壤耕作

我国燕麦产区多为旱作，长期以来形成了以蓄水保墒为中心的耕作制度。秋深耕是燕麦产区抗旱增产的一项基础作业，土壤耕作的重点是早、深。前作收获早，应进行浅耕灭茬并及早进行秋深耕。如前茬收获较晚，为保蓄水分，可不先灭茬而直接进行深耕，并随即耙耱保墒。土壤耕作的深度为 25cm 左右，但对坡梁地及浅位栗钙土耕深以 15～18cm 为宜，滩水地和下湿地耕深为 20～25cm。为了保蓄水分，春耕深度应以不超过播种深度为宜，应早春浅耕。

（1）深耕结合施肥。秋深耕是燕麦产区抗旱增产的一项基础作业。前作收获早的田块，应进行浅耕灭茬并要早施肥和秋深耕。如前茬收获较晚，为了保蓄水分，可直接施肥和深耕翻，并随即耙耱保墒。秋耕施肥是抗旱的重要措施之一，前作收获后，应当先进行浅耕灭茬。经过耙耱，清除根茬，消灭坷垃后，准备施肥和秋深耕。施足底肥对燕麦增产极为重要。耕施肥后耙耱与否，要针对不同情况因地制宜。一般来说应该耙耱，尤其是二阴下湿地因土质黏、坷垃多，要耙耱结合。而坡梁地因土质松散，应以耱为主。特别在一些沙多土层薄的高原地区，应多耙多耱。也有的地区为促进土壤熟化，保留积雪，耕后不耙不耱，第二年春天及早顶凌耙磨。有的秋耕后，第二年春天不再耕翻，播种前只用犁串地6～9cm 并施入浅层底肥，串地后经多次耙耱即可播种。在春季十分干旱的情况下，一般只采取耙耱，不再串地。高寒山区因前茬收获过晚来不及秋耕的，在春季播种前应进行春耕，为减少土壤水分损失，随播种只进行浅耕较为有利。新开垦荒地和休闲地，因杂草多，耕后土块大，为保证耕作质量，耕翻时机应以伏雨前为宜，耕地深度以能将草层埋到犁沟底部为佳。耕后要进行耙耱除草工作，使土壤上虚下实、保蓄水分，为种子发芽创造良好的条件。

（2）春耕结合施肥。春耕一般不宜太深，尤其是临近播种还没有春耕的地块更不能太深。太深土地悬虚易"吊根死苗"。早春耕翻施肥贵在早，早春气温低，土壤刚解冻，水分蒸发慢，这时进行施肥耕地，可以减少水分蒸发，有利于保墒。春耕施肥后，经过较长时间的塌墒，播前再进行精细整地，即可使悬虚的土层踏实，造成上虚下实的苗床，易于壮苗。早耕施肥，效果虽然比不上秋耕施肥好，但比晚春耕施肥的做法跑墒少。

四、整地

（1）耙耱保墒。耙耱土地可切断土壤毛细管，消灭坷垃，弥合裂缝，减少水分蒸发。特别是顶凌耙地，可使土壤保持充足的水分，保墒的效果更好。耙耱多次比耙耱一次的地块，干土层减少10cm，土壤含水量提高4.2%。

（2）早犁塌墒。有的地方土地刚解冻就结合施肥进行浅耕。方法是把沤好的农家肥料和一部分氮、磷肥均匀撒开，而后浅串，深度9.9cm左右。有的在播前7~15天浅耕、细耕，耕后耢平。试验结果证明：同样一块地，都经过了秋耕施肥，而春天串地的时间早晚不同，土壤含水量、地温、小苗长势都有明显的差异。4月17日前后与5月5日以后春耕，土壤10cm含水量分别为15.08mg和13.3mg，地温分别为18.3℃和19.4℃，幼苗平均根数分别为9条和8条，单株根重分别为0.3g和0.2g，茎叶重分别为0.34g和0.5g。可以看出，春季早耕比晚耕土壤含水量高，地温适宜。根系较茎叶发育生长快，能有效地促进蹲苗和壮苗。

（3）镇压提墒。串地后气温升高，土壤水分以气态形式扩散，土壤中的含水量迅速下降。这时候单纯耙耢就不行了，必须耙耢结合镇压，碾碎坷垃，减少土壤孔隙，减轻气态水的扩散。同时镇压还能加强毛细管作用，把土壤下层水分提升到耕作层。

第三节　肥水管理

一、施肥

燕麦是一种既喜肥又耐瘠的作物。燕麦根系比较发达，有较强的吸水能力。增施肥料有显著的增产效果。施肥要实行农家肥为主，无机肥为辅，基肥为主，追肥为辅，分期分层施肥的科学施肥方法。

1. 基肥

基肥也叫底肥，即播种之前结合耕作整地施入土壤深层的基础肥料。一般多为有机肥，也有配合施用无机肥的。常用的有机肥有粪肥（人畜粪尿）、厩肥和土杂肥，一般每公顷施7500~12000kg。在土壤缺磷情况下，可用磷肥单作基肥或与厩肥混合做基肥施用。

2. 种肥

在燕麦产区由于耕作粗放，有机肥用量不足，土壤基础养分较低，供应不足，不能满足燕麦苗期生长发育对主要养分的需要。因此，播种时将肥料施于种子周围，增施种肥。种肥的种类有粪肥和无机肥，无机肥作种肥主要有磷酸二铵、氮磷二元复合肥、尿素、碳酸氢铵和过磷酸钙等，一般每公顷施尿素或二元、三元复合肥 75kg 左右。

3. 追肥

燕麦在分蘖期、拔节期、抽穗期这 3 个关键时期需要大量的营养元素，在此时应追一两次化肥，给土壤补充一定数量的养分，追肥宜用速效氮肥如尿素。

二、浇水

燕麦是一种既喜湿又抗旱的作物。在燕麦的生长过程中，必须根据其各个阶段对水的需求，进行科学浇水。

1. 早浇分蘖水

燕麦第一次浇水应在植株 3～4 片叶时进行。在这一阶段燕麦植株的地上部分进入分蘖期，决定燕麦的群体结构。植株的地下部分进入次生根的生长期，决定燕麦的根系是否发达。植株内部进入穗分化期，决定燕麦穗子的大小和穗粒数的多少。因此，在这一阶段燕麦需要大量水分，宜早浇，且要小水饱浇。

2. 晚浇拔节水

拔节期是燕麦营养与生殖生长的重要时期，需要大量水肥，应及时浇水施肥。拔节水一定要晚浇，即在燕麦植株的第二节开始生长时再浇，且要浅浇轻浇。如果早浇拔节水，燕麦植株的第一节就会生长过快，致使细胞组织不紧凑，韧度减弱，容易造成倒伏。

3. 浇好孕穗水

孕穗期也是燕麦大量需水的时期。此时，燕麦底部茎秆脆嫩，顶部正在孕穗，如果浇不好，往往造成严重倒伏。因此，必须将孕穗水提前到顶心叶时期，并要浅浇轻浇。

第四节 播种技术

一、种子处理

1. 选种

选种即通过风选、筛选或清水选，选出籽粒饱满、整齐一致的种子。该类种子养分含量高，生活力强，发芽率高。因此，播种后生长快，幼苗壮，可增强苗期抗灾能力，提高产量。

2. 晒种

晒种即在种子播种前，选择晴朗无风的天气，将种子晒3~4日。种子晾晒后，内部发热，其透气性和透水性得到改善，从而增强种子的发芽力。同时，晒种可利用阳光中的紫外线杀死附着在种子表面的病菌，减轻某些病害的发生。

3. 发芽试验

一般来讲，头年收获的燕麦可不做发芽试验。如果收获时遇雨或贮藏条件不好，因潮湿而发生变质现象及从外地引进的种子，在播种前都应做发芽试验。试验前，将种子均匀混合，随机取样百粒，用水浸泡后，摊在垫有湿纸或湿沙子的碟子里，盖上湿纸或湿布，置于15~20℃的温度条件下，7天内，发芽数占种子总数的百分比叫发芽率。要用同样种子做2~3份试验，最后以各份试验的平均数为准。好的燕麦发芽率在95%以上，发芽率在90%以下的应适当增加播种量，发芽率在50%以下的不宜做种子。

4. 药剂拌种

药剂拌种是防治燕麦病虫害的有效措施。种子选晒后，用种子量的0.2%的拌种双或0.2%~0.3%的甲基托布津等农药拌种，可防治燕麦坚黑穗病。

二、播种时期

播种期因地区而异。中国华北、西北、东北为春播区，生育期 80～115 天。西南为冬播区，生育期 230～245 天。燕麦需水较多，而中国主产区又属于旱作农区，因此，通过早秋耕、耙、耱、镇压等办法蓄水保墒极为重要。

燕麦播种时期应根据不同地区的生态条件和耕作栽培制度来确定。早春土壤解冻 10cm 左右时即可播种。燕麦的适宜播期在 3 月 25 日至 4 月 15 日，最佳播期为清明前后，最迟不要超过谷雨。根据降水情况，抢墒播种尤为关键，抓苗是旱地燕麦高产的一项主要措施。最好采用机械播种或人工开沟条播，不宜撒播。条播行距 15～20cm，深度以 5～6cm 为宜，防止重播、漏播。下种要深浅一致，播种均匀，播后耱地使土壤和种子密切结合，防止漏风闪芽。夏燕麦区一般于春分至清明前后播种为宜，此时，气温较低，种子先扎根后发芽，扎根时间较长，因此，根系发达，提高了燕麦的抗旱和抗倒伏能力。由于播期较早，气温适宜，分蘖到拔节的间隔日数较长，有利于小穗和小花的分化与形成。同时，燕麦抽穗到成熟仍处于较低温度，利于籽粒的形成与灌浆，因此，籽粒饱满，产量较高。秋燕麦区一般于立夏至芒种之间播种为宜，燕麦抽穗期到成熟期正好处于 7 月中下旬到 8 月中旬，此时，气温达到 20℃左右，雨量也较多，满足了燕麦抽穗前后对温度和水分的要求，穗铃数和穗粒数较多，产量较高。夏秋燕麦交错区其播种期应介于夏、秋燕麦播期之间，以谷雨前后为宜。冬燕麦区一般于寒露前后播种为宜，以避开高温和多雨季节。

温馨提示：春播燕麦区为避免干热风危害，土温稳定在 5℃时即可播种。旱地燕麦要注意调节播种期，使需水盛期与当地雨季相吻合。秋翻前宜施用半腐熟的有机肥料作基肥，播种时可用种肥。旱地播种密度每亩基本苗 20 万～22 万，灌溉地每亩 25 万～35 万。

三、播种方法

燕麦播种方法主要是耧播、犁播、机播和人工开沟，行距一般为 23～25cm。

播种应深浅一致，落籽均匀，播后砘压。燕麦无论采用任何方式播种，在土壤干旱情况下，播后均需砘压。作用不仅在于使土壤与种子密切结合，防止"漏风闪芽"，而且便于土壤水分上升，有利发芽出苗。滩地和缓坡地随播随砘。坡梁地因受地形限制，一般情况下砘压要比糖地容易获得全苗、壮苗。

四、播种量与合理密植

燕麦播种量应根据不同地区土壤类别、品种、种子发芽率和群体密度来确定。燕麦的合理密植应以不同生产条件及栽培措施和适宜的播种量来确定。要求达到以籽保苗，以苗保蘗，提高分蘖成穗率，增加单位面积穗数，协调群体与个体之间的关系，达到增株、增穗、粒多、粒大的目的。一般在高水肥地，每公顷播 150 ~ 165kg，中等肥力地，每公顷播 135 ~ 150kg，旱薄地每公顷播 97.5 ~ 112.5kg。

五、播种深度

北方地区燕麦播种深度一般为 4 ~ 6cm。

第五节　田间管理

一、苗期管理

燕麦苗期田间管理的中心任务是保全苗，促壮苗。燕麦播种后到出苗前，种子萌发与幼苗生长全靠胚乳贮藏的养份供给。此时，只要认真做好精细整地，种后砘压，破除板结，预防卷黄，即可保证全苗。当幼苗长到 4 叶时，进行第一次中耕，宜浅锄。此次中耕不仅能松土除草，切断土壤表层毛细管，减少水分蒸发，达到防旱保墒，而且能促进根系发育，形成发达的根系。

二、分蘖抽穗期的田间管理

燕麦分蘖期田间管理的中心目的是攻壮株，抽大穗，促进穗分化，保证有效花的形成。田间管理的主要措施是早追肥、深中耕、巧用水、细管理、防虫治病。第二次中耕宜在分蘖阶段，此时正是营养生长和生殖生长及根系伸长的重要时期，所以，必须深锄。此次中耕，有利于消灭田间杂草，破除板结，促进新根生长和向下深扎，使根系吸收水肥范围扩大，增强燕麦抗旱抗倒伏能力。

三、开花成熟期的田间管理

燕麦开花成熟期管理的主要任务是防止叶片早衰，提高光合功能，使其能正常进行同化作用，促进营养物质的转运积累，提高结实率，增加千粒重，保证正常成熟。第三次中耕宜在拔节后至封垄前进行，应深耕。这样既能减轻蒸发又可适度培土，起到防倒伏的作用。

四、收获与储藏

1. 适时收获

燕麦的收获是一项时间性很强的工作，一旦成熟，就应及时收获，通常应在9月上旬收获，不可延误，否则籽粒脱落，会造成丰产不丰收的结果。燕麦穗上下部位的籽粒成熟是不一致的，当麦穗中上部籽粒进入蜡熟末期时，应及时收获。蜡熟末期的表现是，燕麦茎秆有韧性，而且不易折断，用手指甲掐麦粒，麦粒应有韧性，不易碎，此时应及时收获。

收获可采用人工收获和机械收获，人工收获时，应将燕麦的地上部分用镰刀全部采收，进行连株收获。有条件的农户也可用小型机械收获，机械采收时应注意，行驶速度应保持在每小时 6~8km，否则不仅会造成收割机的损伤，而且会造成燕麦漏采、倒伏等现象，严重影响了产量。采用这两种收获方式，都需要将收割后的燕麦在地里继续晾晒3～4天，再运回场院脱粒。使用联合收割机可以直接脱粒，但是收获时间应稍晚于手工收割5～8天。农户可以根据以下的直观标准判定：摘下一个麦穗，用手掌捻搓，麦皮与麦粒容易分离即可。过晚，会增加掉粒和碎粒，降低产量。使用联合收割机，行驶速度应在每小时8km。

2. 安全储藏

新收获的燕麦含水量大，在收获季节的温度下呼吸作用旺盛，水分越大，温度越高，呼吸越强烈，产生热量越多，发霉变质的危险越高。脱粒后的籽粒运回场院后，应做成小埂晾晒，2～3小时翻倒一次，使含水量下降到13.5%以下。一般的检验法是用指甲掐麦粒，当麦粒容易掐断时即可。然后扬场，用扫帚扫除麦皮。达到储藏要求的麦粒应立即装袋，运入通风干燥的储藏室贮存。

第六节　病虫害防治

一、主要虫害

1. 黏虫

黏虫一年发生多代，成虫有很强的迁飞能力，昼伏夜出，在无风晴朗的夜晚活动较盛。幼虫在阴雨天可整天出来取食危害，到5～6龄为暴食期，可将植物吃成光秆，故为毁灭性虫害。防治黏虫应做好预测预报工作，最大限度消灭成虫，把幼虫消灭在3龄以前。3龄前黏虫，可用4000倍溴氰菊酯等菊酯类农药喷雾。3龄后黏虫可在清晨有露水时用乙敌粉剂喷粉。

2. 土蝗

俗称蚱蜢，种类繁多，一年发生一代或多代，以卵块在土中越冬。幼土蝗跳跃力极强，栖息在荒坡的草丛中，5～6龄即为成虫。土蝗从夏到秋都危害庄稼，尤其秋天危害最重。防治土蝗，应做好预测预报工作，消灭幼蝗，土蝗进入农田要及早消灭，一般选用高效、低毒、低残留的农药，如4.5%高效氯氰菊酯乳油每亩60ml，10%联苯菊酯乳油每亩15ml，25%快杀灵乳油每亩40ml等超低溶量喷雾。

3. 草地螟

草地螟一年发生2~3代，属杂食性、暴食性害虫。4~5龄幼虫进入暴食期，可昼夜取食。老熟幼虫入土作茧成蛹越冬。防治草地螟，应在秋季进行深耕耙糖，破坏草地螟越冬环境，春季铲除田间及周围杂草，杀死虫卵。对3龄前草地螟，可用45%丙溴辛硫磷1000倍液或40%啶虫毒1500~2000倍液喷杀幼虫，可连用1~2次，间隔7~10天，可轮换用药，以延缓抗性的产生。

4. 麦类夜蛾

一年发生1代，在北方6~7月份为成虫初发至盛发期，成虫昼伏夜出，卵多产于第1~3小穗的颖壳内，幼虫蚕食籽粒，严重危害燕麦等农作物，以老熟幼虫越冬。防治麦类夜蛾，可用灯光或糖蜜诱杀器诱杀。对3龄前幼虫可用敌百虫灌根或其他药剂喷雾。

二、主要病害

燕麦的主要病害是坚黑穗病、散黑穗病和红叶病；局部地区有秆锈病、冠锈病和叶斑病等。

1. 燕麦锈病

该病包括冠锈、秆锈和条锈3种，遍布国内外燕麦种植区，在我国前两种受害重，且偏南燕麦区受害重。燕麦冠锈病主要发生在燕麦生长的中后期，病斑生在叶、叶鞘及茎秆上。发病初期，叶片上产生橙黄色椭圆形小斑，后病斑渐扩展出现稍隆起的小疮胞，即夏孢子堆。当孢子堆上的包被破裂后，散发出夏孢子。后期燕麦近枯黄时，在夏孢子堆基础上产生黑色的、表皮不破裂的冬孢子堆。燕麦秆锈病夏孢子堆生在秆、叶和叶鞘上，长椭圆形，后期包被破裂。东北、内蒙古个别年份发病普遍且严重。

（1）病原。燕麦冠锈病菌为 Pucciniacoronataf. sp. avenaeEriess，称禾冠柄锈菌燕麦专化型；秆锈病菌为 PucciniagraminisPers. var. avenaeEriks. etE. Henn. 称禾柄锈菌燕麦变种，均属担子菌亚门真菌。禾冠柄锈菌能侵染多种禾本科植物，且寄生性差异明显。据此，有关专家把它分做 10 个变种，其中侵染燕麦的为 P. coronata. f. sp. avenaeErikss 称禾冠柄锈菌燕麦专化型。性孢子生于鼠李属植物的叶面，锈孢子器生于叶背，夏孢子堆生于燕麦叶背，椭圆形至长条形，大小（1. 2 ~ 2. 0）mm ×（0. 8 ~ 1. 2）mm。夏孢子浅黄色，球形或近球形，大小（18. 8 ~ 25）μm ×（15 ~ 21. 3）μm，壁外具细刺，无侧丝。冬孢子堆生在叶背，椭圆形，大小 0. 6 ~ 1. 1mm，包被不破裂。冬孢子深褐色，双细胞，棍棒状，大小（33 ~ 62）μm ×（14 ~ 25）μm，顶端具指状突起 3 ~ 7 个，状似皇冠，因此称为冠锈病。禾柄锈菌把寄生在燕麦、鸭茅等少数禾草上的秆锈菌定名为 P. graminisPers. var. avenaeEriks. etE. Henn. 称为禾柄锈菌燕麦变种或燕麦秆锈菌。性孢子器生于小檗叶的两面，锈孢子器生在隆起的、橙黄色斑点的背面，夏孢子堆生在燕麦秆、叶或叶鞘上，长椭圆形，夏孢子球形至椭圆形，有细刺，浅褐色，大小（18 ~ 40）μm ×（15 ~ 25）μm，具芽孔 4 个。冬孢子堆黑色，椭圆形。冬孢子双胞，棍棒状，顶部隆起或近圆形，大小（28 ~ 64）μm ×（14 ~ 24）μm。

（2）传播途径和发病条件。两种燕麦锈病流行规律与小麦锈病相似。在贵州、云南则以夏孢子阶段进行重复侵染，完成整个周年侵染循环。在山区或云贵高原，其发生期随海拔高度上升而延迟。低温地区始发于 4 月上旬，5 月中、下旬进入盛发期。海拔 2000m 以上地区推迟 20 ~ 30 天。

（3）防治方法。①选育抗病品种如内蒙古的永 465，引进的哈里曼、海蒙、罗瑟尔、加拿大西部 3 号、盖密涅、加利、罗德纳等。此外哈里曼、永 456、73—10 等抗秆锈。②提前播种，使大田锈病盛发期处在燕麦的生育后期，可减少损失。

2. 燕麦坚黑穗病

燕麦坚黑穗病遍布国、内外燕麦种植区。主要发生在抽穗期。病、健株抽出时间趋于一致。染病种子的胚和颖片被毁坏，其内充满黑褐色粉末状厚垣孢子，其外具坚实不易破损的污黑色膜。厚垣孢子粘结较结实不易分散，收获时仍呈坚硬块状，故称坚黑穗病。有些品种颖片不受害，厚垣孢子团隐蔽在颖内难于看见。

（1）病原。Ustilagolevis（Kell. etSwing）Magn. 称燕麦坚黑粉菌，属担子菌亚门真菌。异名有 U. hordeiKelletSw.；U. hordei（Pers.）Lagerh. 孢子堆生在花器里。厚垣孢子球形至椭圆形，黑褐色，表面光滑无刺突，大小 6~9μm。寄生于大麦和燕麦上。病菌发育温限 4~34℃，适温为 15~28℃，该菌有不同的生理小种。

（2）传播途径和发病条件。病菌在收获或打场时散出厚垣孢子附在种子上或落入土壤及混在肥料中越冬或越夏。孢子抗逆性强，可在土中存活 2~5 年，成为翌年的初侵染源。春播种子萌发时，冬孢子也随着发芽产生具 3 个横隔的圆棒形担子，在担子顶端产生 4 个担孢子。担孢子萌发后产生次生小孢子，异宗小孢子萌发后相互质配，产生具双核的菌丝，侵入寄主的幼芽。后随植株生长而向上扩展。开花时进入花器中，子房被破坏，产生大量厚垣孢子，形成病穗。厚垣孢子萌发温度范围为 4~34℃，适温为 15~28℃。温度高、湿度大利于发病。大莜麦、小莜麦、华北 1 号、尖莜麦、秃莜麦等易感病。

（3）防治方法。①选用抗病品种，如内蒙古的燕麦 2 号（品 1163）、黑龙江海伦县 2001 品种、河北张北县 2031 野生种、新疆额敏 2056 品种、新疆沙弯 2131、2132、2151 品种、青海黄燕麦、黑珠子燕麦、竹子燕麦、红燕麦、苏联品种和苏联燕麦 1 号、苏联燕麦 2 号、苏维埃 339、匈牙利君士坦、普遍野麦、澳大利亚夫尔马克、维多利亚品种阿缓等。②药剂处理种子，用种子重量 0.65%~1% 的细硫磺粉拌种或用 1% 福尔马林液均匀喷在种子上，充分拌匀后盖上草袋，放置 5h 后马上播种。此外也可选用 50% 多菌灵可湿性粉剂或 50% 苯菌灵可湿性粉剂、15% 三唑酮可湿性粉剂、50% 禾穗胺可湿性粉剂，用种子重量的 0.2% 拌种，防治效果优异。③抽穗后发现病株及时拔除，携至田外集中烧毁。

除上述方法外多结合播前种子消毒、早播、轮作、排除积水等措施防治。在燕麦生产中，清除杂草是一项重要工作。特别是野燕麦，它是世界性的恶性杂草，可通过与其他作物轮作，剔除种子中的野燕麦种子，或在燕麦地播种前先浅耕使野燕麦发芽，然后整地灭草，再行播种等方法防治，也可采用化学除莠剂。

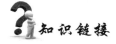

燕麦优良品种

冀张莜 4 号　河北省张家口坝上农业科学研究所选育。生育期 90 天左右，株高 100～120cm，抗旱耐瘠，不落粒。

坝莜 1 号　河北省张家口坝上农业科学研究所选育。生育期 90 天左右，株高 100～110cm，千粒重 24.8g，蛋白质含量 15.6%，脂肪含量 5.5%，抗倒伏。

蒙燕 7312　内蒙古农业科学院选育。生育期 90 天左右，株高 115cm，千粒重 20g 左右。

晋燕 4 号　山西省农业科学院高寒作物研究所选育。生育期 88 天，株高 85cm，千粒重 22.3g，蛋白质含量 16.7%，脂肪含量 6.1%，抗旱性强。

8309－6　甘肃定西地区旱农科研推广中心选育。生育期 93～110 天，株高 90～140cm，千粒重 21～23g，蛋白质含量 21.0%，脂肪含量 6.7%，抗旱性强，较抗倒伏。

坝莜 3 号　河北省张家口市坝上农业科学研究所选育。生育期 100 天左右，株高 120cm，千粒重 22～24g，籽粒粗蛋白含量 15.67%，粗脂肪 7.86%，抗倒伏，抗旱耐瘠薄，较抗黄矮病和坚黑穗病。

草莜一号　内蒙古农牧业科学研究院选育。生育期 100 天，株高 125～150cm，千粒重 24g 左右，籽实蛋白质含量 15.7%，脂肪含量 6.1%，生长快，产草量高，对播期要求不严格，耐病，抗倒伏。

燕科一号　内蒙古农牧业科学研究院选育。生育期 90 天，株高 100cm，千粒重 21g，籽粒品质好，粗蛋白质含量 13.62%，粗脂肪含量 7.6%，抗倒伏，单株性状好，籽实产量高。

内农大莜 1 号　内蒙古农业大学农学院选育。生育期 118 天，株高 115.5cm，千粒重 21.4g，籽实粗蛋白质含量 19.3%，粗脂肪含量 7.14%。中熟、高产的粮饲兼用品种，耐病。

内农大莜 2 号　内蒙古农业大学农学院选育。生育期 111 天，株高 105cm，千粒重21.5g，属中熟粮饲兼用品种。

定莜3号 甘肃省定西地区旱农中心选育。生育期100~105天，株高80~115cm，千粒重15.6~24.3g，籽粒含粗蛋白质18.38%，赖氨酸0.75%，粗脂肪8.58%。春性品种，单株分蘖1.5个，分蘖成穗率85%，较抗倒伏，耐旱性较强，轻感坚黑穗病。

第三章 高 粱

第一节 概 述

一、高粱的栽培历史和分布

高粱（Sorghum）学名 Sorghum bicolor（L.）Moench，禾本科高粱属一年生草本植物，是我国主要农作物之一。我国栽培高粱的历史悠久，生产的高粱以粒用高粱为主，兼有糖用、饲用和工艺用。高粱根系发达、抗旱力强，耐涝、耐盐碱、耐瘠薄，适应性广。粒用高粱以食用为主，其营养成分、所含热量不亚于小麦和大米，高粱的饲用价值与玉米相近。高粱在工业上用途更加广泛，如酿制白酒、生产淀粉、造纸、制糖、制饴、纤维板等。从消费市场看，高粱的食用市场将变小，但饲用和工业用市场会大大扩展，从高粱发展的广阔前景来看种植高粱是创造经济效益、发家致富的重要途径之一。

高粱按用途分为粒用高粱、甜高粱、草高粱和工艺用高粱。粒用高粱就是大家广泛种植，以籽粒产量为主的高粱。甜高粱就是过去所说的甜秆，主要用于青贮饲喂牛羊，近年开发生产酒精，作为能源作物栽培。草高粱是苏丹草与高粱杂交的杂交种，用于青刈饲料，南方可以割 4～5 次，北方一般割 2 次或 3 次。工艺高粱是指用于编织、作笤帚等等的高粱。

高粱的分布与生产带有明显的区域性，我国分为 4 个栽培区：春播早熟区，春播晚熟区，春夏兼播区和南方区。

1. 春播早熟区

包括黑龙江、吉林、内蒙古全部,河北承德地区、张家口坝下地区,山西、陕西北部,宁夏干旱区,甘肃中部与河西地区,新疆北部平原和盆地等。生产品种以早熟和中早熟种为主,一年一熟制,5 月上中旬播种,9 月收获。

2. 春播晚熟区

包括辽宁、河北、山西、陕西等省的大部分地区,天津,宁夏黄河灌区,甘肃东部和南部,新疆的南疆和东疆盆地,是我国高粱主产区,单产水平较高。本区由于热量条件较好,栽培品种多为晚熟种。近年来,由于耕作制度改革,麦收后种植夏播高粱,变一年一熟为两年三熟或一年两熟。

3. 春、夏兼播区

包括山东、江苏、河南、安徽、湖北、河北等省的部分地区,春播高粱与夏播高粱各占一半左右。春播高粱多采用中晚熟种,夏播高粱多采用生育期不超过100 天的早熟种,栽培制度以一年两熟或两年三熟为佳。

二、形态特征

一年生草本植物,秆较粗壮,直立,高 3～5m,横径 2～5cm,基部节上具支撑根。叶鞘无毛或稍有白粉,叶舌硬膜质,先端圆,边缘有纤毛;叶片线形至线状披针形,长 40～70cm,宽 3～8cm,先端渐尖,基部圆或微呈耳形,表面暗绿色,背面淡绿色或有白粉,两面无毛,边缘软骨质,具微细小刺毛,中脉较宽,白色。圆锥花序疏松,主轴裸露,长 15～45cm,宽 4～10cm,总梗直立或微弯曲。主轴具纵棱,疏生细柔毛,分枝 3～7 枚,轮生,粗糙或有细毛,基部较密。每一总状花序具 3～6 节,节间粗糙或稍扁。无柄小穗倒卵形或倒卵状椭圆形,长 4.5～6mm,宽 3.5～4.5mm。两颖均革质,上部及边缘通常具毛,初

时黄绿色，成熟后为淡红色至暗棕色。第一颖背部圆凸，上部 1/3 质地较薄，边缘内折而具狭翼，向下变硬而有光泽，具 12 ~ 16 脉，仅达中部，有横脉，顶端尖或具 3 小齿。第二颖 7 ~ 9 脉，背部圆凸，近顶端具不明显的脊，略呈舟形，边缘有细毛。外稃透明膜质，第一外稃披针形，边缘有长纤毛。第二外稃披针形至长椭圆形，具 2 ~ 4 脉，顶端稍 2 裂，自裂齿间伸出一膝曲的芒，芒长约 14mm。雄蕊 3 枚，花药长约 3mm。子房倒卵形，花柱分离，柱头帚状。颖果两面平凸，长 3.5 ~ 4mm，淡红色至红棕色，熟时宽 2.5 ~ 3mm，顶端微外露。有柄小穗的柄长约 2.5mm，小穗线形至披针形，长 3 ~ 5mm，雄性或中性，宿存，褐色至暗红棕色。第一颖 9 ~ 12 脉，第二颖 7 ~ 10 脉，花果期 6 ~ 9 月，染色体 2n = 20。

三、基本品种

高粱有很多品种，有早熟品种、中熟品种、晚熟品种，又分常规品种、杂交品种。口感有常规的、甜的、黏的。株型有高秆的、中高秆的、多穗的等，高粱秆还有甜的与不甜的之分。粮食（面粉做出的食品）颜色有红的、白的、白脸红面的、不红也不白的等多种。按性状及用途可分为食用高粱、糖用高粱、帚用高粱等类。高粱属有 40 余种，分布于东半球热带及亚热带地区。高粱起源于非洲，公元前 2000 年已传到埃及、印度、后入中国栽培。主产国有美国、

阿根廷、墨西哥、苏丹、尼日利亚、印度和中国。按照用途分为粒用高粱和秸秆高粱，秸秆高粱主要是指高粱的转化品种甜高粱。

四、基本用途

综合利用高粱的籽粒、穗荛（花序）、穗颈、茎秆，是中国高粱栽培的传统

习惯。高粱籽粒加工后即成为高粱米，在我国、朝鲜、原苏联、印度及非洲等地皆为食粮。食用方法主要是为炊饭或磨制成粉后再做成其他各种食品，比如面条、面鱼、面卷、煎饼、蒸糕、粘糕等。加工成的高粱面，能做成花样繁多、群众喜爱的食品，近年已成为迎宾待客的饭食。除食用外，高粱可制淀粉、制糖、酿酒、做醋和制酒精等。

五、营养成分

高粱的主要利用部位有籽粒、米糠、茎秆等。其中籽粒中主要养分含量：粗脂肪3%、粗蛋白8%～11%、粗纤维2%～3%、淀粉65%～70%。

蛋白质在籽粒中的含量一般是9%～11%，其中约有0.28%的赖氨酸，0.11%的蛋氨酸，0.18%的胱氨酸，0.10%的色氨酸，0.37%的精氨酸，0.24%的组氨酸，1.42%的亮氨酸，0.56%的异亮氨酸，0.48%的苯丙氨酸，0.30%的苏氨酸，0.58%的缬氨酸。高粱籽粒中亮氨酸和缬氨酸的含量略高于玉米，而精氨酸的含量又略低于玉米，其他各种氨基酸的含量与玉米大致相等。高粱糠中粗蛋白质含量达10%左右，在鲜高粱酒糟中为9.3%，在鲜高粱醋渣中是8.5%左右。高粱秆及高粱壳的蛋白质含量较少，分别为3.2%和2.2%左右。

高粱蛋白质略高于玉米，同样品质不佳，缺乏赖氨酸和色氨酸，蛋白质消化率低，原因是高粱醇溶蛋白质的分子间交联较多，而且蛋白质与淀粉间存在很强的结合键，致使酶难以进入分解。

脂肪含量3%略低于玉米，脂肪酸中饱和脂肪酸也略高，所以，脂肪熔点也略高些。亚油酸含量也较玉米稍低。高粱加工的副产品中粗脂肪含量较高。风干高粱糠的粗脂肪含量为9.5%左右，鲜高粱糠为8.6%左右。酒糟和醋渣中分别为4.2%和3.5%。籽粒中粗脂肪的含量较少，仅为3.6%左右，高粱秆和高粱壳中含量也较少。

无氮浸出物，无氮浸出物包括淀粉和糖类，是饲用高粱中的主要成分，也是畜禽的主要能量来源，饲用高粱中无氮浸出物的含量变化于17.4%～71.2%之间。高粱秆和高粱壳中的粗纤维较多，其含量分别为23.8%和26.4%左右。淀粉含量与玉米相当，但高粱淀粉颗粒受蛋白质覆盖程度高，故淀粉的消化率低于玉米，有效能值相当于玉米的90%～95%。高粱秆和高粱壳营养价值虽不及精料，但来源较多，价格低廉、能降低饲养成本。

矿物质与维生素矿物质中钙，磷含量与玉米相当，含磷40%～70%，为植酸磷。维生素中B_1、维生素B_6含量与玉米相同，泛酸、烟酸、生物素含量多于玉米，但烟酸和生物素的利用率低。据中央卫生研究院（1957）分析，每千克高粱籽粒中含有硫胺素1.4mg，核黄素（维生素B_2）0.7mg，尼克酸6mg，成熟前的高粱绿叶中粗蛋白质的含量约13.5%，核黄素的含量也较丰富。高粱的籽粒和茎叶中都含有一定数量的胡萝卜素，尤其是作青饲或青贮时含量较高。

六、高粱的特点和优势

1. 高粱是高产作物

高粱是碳四（C_4）作物，光能利用率和净同化率高于水稻和小麦。大约是碳三（C_3）作物的2倍。高粱的理论产量每亩可达2500 kg，目前有记载的高粱产最高亩产量1400 kg，只有理论产量的56%，表明高粱具有很高的光合产量潜力。另外，高粱具有强大的杂种优势，并具有实现强大杂种优势的保障体系。在粮食作物中高粱是最早（1954年）实现杂交种三系配套的，并把杂交种用于大面积生产的作物之一。高粱的高光合效率与强大的杂种优势有机结合使高粱产量提高了一大步。在20世纪60～70年代，杂交高粱的高产性为解决我国当时的粮食问题发挥了巨大作用。

2. 高粱是抗逆性强的作物

高粱具有抗旱、耐涝、耐盐碱、耐瘠薄、耐高温、耐冷凉等多重抗逆性。高粱的蒸腾系数为250～300，比水稻（400～800）、小麦（270～600）、玉米（250～450）均低。高粱的凋萎系数为5.9，比玉米（6.5）和小麦（6.3）低。

在水淹条件下，抽穗期高粱可维持生存 6～7 天，灌浆期可维持 8～10 天，而玉米只能维持 1～2 天。高粱耐盐力强，可忍受 0.5%～0.9% 的盐浓度，而小麦为 0.3%～0.6%，玉米、水稻为 0.3%～0.7%。高粱能在 pH 值 5.5～8.5 的各类土壤上正常生长，由此可见高粱的抗逆性优于上述作物。高粱根系发达，可利用较深土层中的水分和养分，既抗旱又耐瘠薄，肥料利用率高。在干旱、半干旱地区种植高粱能获得较稳定而且较高的产量。20 世纪 90 年代以来东北西部高温干旱灾害频繁，高粱以其独具的多抗性显示了强大的生物学优势，灾年仍可获得较好收成。

高粱是抗灾备荒的先驱作物，过去移民开垦土地，首选作物是高粱。这说明高粱是抗逆性强、适应性广的作物。正是因为高粱抗逆性强，所以高粱一般多在稻、麦、豆不宜种植的地方种植。

3. 高粱是用途广泛的作物

食用高粱过去是北方人民主要粮食，随着人民生活水平的提高，其用量逐年减少。但是有的区域仍把高粱作为主食，高粱米饭有解暑作用，因此在干旱炎热区域人们有吃高粱米水饭习惯。近年由于膳食结构的改变，高粱米作为人们的调剂食品。饲用高粱籽粒是家畜和家禽极好的精饲料，其饲用价值与玉米相近。而且由于高粱籽粒中含有单宁，在配合食料中加入 10% 左右的高粱籽粒可以有效地预防幼畜、幼禽的白痢病。把高粱配合饲料与其它配合饲料交替饲喂，能促进家畜的食欲与营养吸收。随着畜牧业的发展，高粱将是配合饲料的主要原料。适于畜禽育肥，增加瘦肉率。近年甜高粱和草高粱的生产显示了巨大的发展潜势，茎叶作青饲料或干草料，或连同籽粒作青贮饲料均具有很高的饲用价值。

加工用高粱全身是宝，综合利用价值高。甜高粱茎秆可制糖、糖浆，生产酒精。粒用高粱茎秆制作板材、造纸，还可作蔬菜生产中的支架、风障，编织芨、席等。高粱壳提取天然色素，高粱蜡粉加工成蜡质，具耐高温特性。籽粒作为酿造原料，可以生产白酒、酒精、醋、饮料等。用高粱籽粒酿制白酒历史悠久，工艺水平高，驰名中外的茅台酒、汾酒、泸州老窖、河套老窖及其他高档名酒，大多以高粱为原料酿成。高粱酿酒业不仅成为当地的支柱产业，也是地方财政收入等主要来源，而且可出口创汇。酿酒的副产物——酒糟，还是优质饲料。当前生产的高粱三分之二用来酿酒。

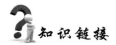 知识链接

食用小窍门

1. **高粱米粥**

【需要材料】高粱米 50g，冰糖适量。

【制作】煮高粱米为粥（高粱米需煮烂），加入冰糖再煮，糖化后温服。

【功效】健脾益胃，生津止渴。

2. **高粱螵蛸粥**

【需要材料】高粱米 100g，桑螵蛸 20g。

【制作】先将桑螵蛸用清水煎熬 3 次，收滤液 500ml；然后将高粱米洗净，放入沙锅内掺入桑螵蛸汁，置火上煮成粥，至高粱米烂时即成。

【功效】和胃健脾，益气消积。

3. **高粱猪肚粥**

【需要材料】高粱米 90g，莲子 60g，猪肚 100g，稻米 50g，胡椒 3g，盐 3g，水适量。

【制作】将高粱米炒至褐黄色有香味为止，除掉上面多余的壳。把猪肚、莲子肉、胡椒洗净，与高粱米一齐放入瓦锅内，加清水适量，武火煮沸后，文火煮至高粱米熟烂为度，调味即可。

4. **高粱米糕**

【需要材料】高粱米 600g，红豆沙 300g，白砂糖 150g。

【制作】（1）将高粱米洗净，倒入适量清水，放入笼内蒸熟备用。

（2）取 2 只瓷盘，取一半高粱米放入盘内铺平，用手压成 2、3cm 厚的片，剩下的高粱米放入另一盘内压好。

（3）将压好的高粱米扣在案板上，用刀抹平，再铺上厚薄均匀的豆沙馅，然后将另一半高粱米扣在豆沙馅上，再用刀抹平，食用时用刀切成菱形块，放入盘内，撒上糖，即可食用。

第二节　播前准备

一、选用良种

高粱栽培在我国有着悠久历史，广大群众积累了丰富的栽培经验，为使高粱生产不断向高产、优质、高效的方向发展，品种选择是高粱增产的重要环节之一。要因地制宜地选择适宜当地种植的高产、抗性强的高粱杂交新品种作为生产用种。

选用良种是最经济有效的增产措施。任何一个良种，都有一定的适应性。就是说良种只能在一定的自然、栽培条件下才能表现出优良种性，因此，要因地制宜地选用良种，实行良种良法配套，充分发挥良种的增产作用。随着栽培水平的提高，对品种的要求则更高，只有不断更新品种，才能促进产量进一步提高。

1. 选用高产稳产耐密型中矮秆杂交种

随着商品经济的发展，生产中种植的高粱杂交种已发生改变，从种植以粮秆兼用为主的高秆杂交种，转向以粮食的耐密型中矮秆杂交种为主。生产实践证明，耐密型中矮秆杂交种，植株相对较矮，叶片少而窄，株型较紧凑，秆强抗倒伏，种植密度比高秆种增加40%以上，单产比高秆种增产30%以上。一般亩产超过500kg，并在大面积达700kg以上。因此，大面积种植中秆耐密型杂交种已成为农民增产增收的有效措施。在选用新杂交种前要到高粱新品种示范地点亲临现场，并听取试验者介绍情况，要选用那些比当地主推品种增产5%以上，而且年际间产量变化小的杂交种。目前东北地区推广的耐密型杂交种，已实现了早、中、晚配套。如早熟及中早熟种有四杂36、吉杂90、吉杂118，中熟种有四杂25、吉杂99、白杂8，中晚熟种有吉杂123、吉杂305等等。

2. 选用生育期适合的杂交种

种植的杂交种生育期必须适合当地的气候条件。既能在霜前安全成熟，又不宜生育期太短，以充分利用生长季节的温光条件，保证高温年丰产，低温年稳产，决不能盲目种植太晚熟的杂交种。吉林省目前生育期最长的杂交种是吉杂123和吉杂305，只能在黑龙江的四平、松原等无霜期较长、热量资源较高的区域种植。而在低洼地、早熟区，种植生育期较短的吉杂90、吉杂118，只要加大保苗密度，同样能获得亩产600kg的好收成。

3. 根据土壤肥力、地势选用杂交种

不同的杂交种生育期不同，对水肥条件反应也不同。通常肥水条件好的情况下，高粱生长快，成熟早，可种植生育期较长的杂交种。相反，瘠薄或少肥的地块可种植生育期短的杂交种。岗地选用较晚熟的杂交种，洼地选用较早熟的杂交种。

4. 杂交种要合理搭配

一个县、一个乡甚至一个村要合理搭配几个杂交种，避免单一化。否则，就不能因土质、地势、肥力等条件合理种植，也不利于抗御自然灾害。选择品种主要根据地势、土质、肥力来选择。

二、精细整地

精细整地是高粱确保全苗的重要技术措施。为保证抓全苗，做好整地保墒是重要一环。最为理想的是秋季整地基本上达到可播种状态。秋整地应该灭茬、施农肥、耕翻、耙耢连续进行，耕翻深度20～22cm，做到无漏耕，无立垡、无坷垃。第二年早春土壤解冻时，还应及时顶凌春耙，使土壤达到细、暄、平、上虚下实，为及时播种创造条件。秋季雨水较多、土壤潮湿或涝洼、盐碱地可进行秋翻春耙，以利土壤熟化和防止盐分上升。春翻地块，极易跑墒，土坷垃不易破碎，影响播种质量。因此，春翻时更要注意随翻、随耙，防止水分蒸发。涝洼地要提早进行顶凌浅翻，否则进入返浆期，机具不能作业。垄作区，应力争秋起垄或早春顶浆打垄，及时镇压，以保水蓄墒供种子发芽。

三、轮作倒茬

轮作倒茬是高粱增产的主要措施之一。高粱种植忌连作，连作一是造成严重减产，二是病虫害发生严重。高粱植株生长高大，根系发达，入土深，吸肥力强，一生中从土壤里吸收大量的水分和养分，因此合理的轮作方式是高粱增产的关键，最好前茬是豆科作物。一般轮作方式为：大豆—高粱—玉米—小麦或玉米—高粱—小麦—大豆。

第三节　播种技术

一、播前种子处理

1. 选种

种子质量是决定出苗好坏的内因。播前种子处理是提高种子质量、促进全苗、壮苗的有效措施。为了保证播种后出齐苗，播前必须做发芽试验，以便根据发芽势和发芽率确定播种量。发芽势、发芽率高的种子，田间出苗率也高，而且整齐一致。近年出售的种子一般都是精选的种子，所以不需要精选。大粒饱满的种子，不仅出苗率高，而且幼苗生长健壮。

2. 晒种

播前晒种和炕种能促进种子后熟，提前打破休眠，增加干燥度，改善种皮透性，增加酶活性，还可以杀死种皮上的细菌，提高发芽率和发芽势。对于晚收和成熟度差的种子，晒种效果更好。种子包衣为了防治病虫害可进行种子包衣，包衣应在播种前2周进行，让药膜充分固化成膜后再播种，以免因药膜尚未完全固化而脱落，影响药效。

3. 浸种催芽

生产中不少地区推广催芽播种，特别是旱区坐水种，收到良好效果。其催芽播种能够防止早播粉种，提高出苗率，有利于早熟增产。实践证明，催芽能提早出苗 3～5 天，田间出苗率提高 15%～40%，而且出苗一致，苗全苗壮。

具体方法是：在播前一天下午，把种子放在 40℃ 的温水中浸种 2～3h，随后，装入麻袋等湿袋，用塑料装好，闷 10～12h，当种子露白时，即可播种。播种时应将种子播在潮湿土上，决不能播在干土上，以防脱水芽干。催芽的种子也可用机械播种，在旱区坐水播种时浸种催芽效果好（包衣种子不宜催芽）。

4. 药剂拌种

在播种前进行药剂拌种，可用 25% 粉锈宁可湿性粉剂，按种子量的 0.3%～0.5% 拌种，防治黑穗病，也可用 3% 呋喃丹制成颗粒剂与种子同时施下，防治地下害虫。

二、播种技术

1. 播种时期

提高播种质量是保证苗全、苗壮、夺取高产的主要环节。影响高粱播种期的因素很多，但最主要是温度和水分条件。一般当地 5cm 土层温度稳定通过 12℃ 以上，开始播种较适宜。同时还要看土壤墒情，做到"低温多湿看温度，干旱无雨抢墒情"。高粱播种期还应根据品种、土质、地势等条件而定。晚熟品种生育期长，要求积温高，应早播。岗地、沙土地温度上升快，保墒难应早播。洼地粘土含水量高，温度上升慢，可晚播。种子萌动时不耐低温，如播种过早，易造成粉种或霉烂，还会造成黑穗病的发生，影响产量。

2. 播种深度

播种深浅适宜，均匀一致，是一次播种保全苗的重要因素。当前高粱生产中出现缺苗断垄的重要原因之一是播种深度掌握不当。高粱播种深度 1.5～2.0cm（指土壤镇压后的厚度）为宜，最深不宜超过 3cm。播种太深，出苗困难，出苗期推迟，根茎伸长，消耗大量胚乳中的养分，幼苗生长细弱，或部分苗不能出土，造成缺苗断垄。但也不能播种过浅，以免土壤缺墒造成落干或芽干。群众的经验是"一寸全苗，二寸缺苗，三寸无苗"（指土壤未镇压的厚度）。播种深度还要看土壤墒情，土壤潮湿播种浅些，土壤干旱可适当深些。

3. 播种方法

高粱播种有平播和垄播两种，无论平播、垄播均可进行机播。机播的主要优点是保墒好，下种均匀，深浅一致，出苗整齐一致。目前东北地区使用的单体播种机，播种质量很好。有的地区还采用耧耙开沟，点葫芦点种，人工踩格子，覆土。播种时，要做到深浅一致，下种均匀，播、踩、压连续作业，以保证出苗齐全。无论机播还是畜力播，播后都要及时镇压，镇压可减小土壤覆盖厚度，使种子与土壤紧密结合，促进种子吸水发芽，可加强提墒，并能防止透风跑墒。在干旱地区应大力推广坐水种，是高粱保全苗的重要技术措施。方法是：开沟、浇苗眼水、播种、覆土，待土壤水分合适时镇压。

4. 播种量与密度

当前各地播种量差异较大，有的地方播 0.4kg/亩，有的地方播 1kg/亩，高粱播种量一般每亩 0.5kg 左右。在国外一般每亩播种 0.35~0.40kg。中国的种植品种大部分为高秆和中秆品种，在一般的土壤肥力条件下，每公顷种植 8 万~12万株，土质肥沃管理水平高的土地，每公顷种植 15 万株左右。夏播高粱一般每公顷种植 9 万~12 万株。

第四节　田间管理

一、科学施肥

高粱是需肥量较多的作物。试验证明，每生产 100kg 高粱籽粒，约需 2.6kg 氮（N）、1.36kg 磷（P_2O_5）、3.06kg 钾（K_2O），氮、磷、钾的比例 1:0.5:1.2。

高粱在各生育阶段需肥量不同，苗期需肥量少，但在拔节以后需肥量迅速增加，从拔节到开花前要吸收全部肥料的一半以上。施肥的种类有底肥、种肥和追肥。

1. 底肥

用圈粪、土粪和绿肥等农家肥作底肥，肥效长，在整个生育期间能源源不断地供应高粱生长发育所需要的养分。农家肥含有丰富的有机质，能改善土壤结构，增强土壤蓄水保肥能力，可以养地肥地。当前施入的农家肥不足，是影响地力提高的一个重要问题。因此，必须积极开辟肥源，加大积肥、堆肥生产量。多施有机肥，以便提高地力。施底肥应结合秋翻地施入，春天也可结合顶浆打垄将肥施下，然后翻地、起垄。施底肥时把有机肥和过磷酸钙混合，肥效更好。

2. 种肥

种肥在播种时随种子施下，它的作用是为幼苗的生长发育创造良好的营养条件。施用的种肥有：一是有机肥料，高温发酵肥、土粪、炕洞土、过圈粪等，每亩施用 1000～2000kg。二是化肥，磷酸二铵或复合肥，磷酸二铵是一种高效氮磷复合肥，目前生产上多以它作种肥，一般每亩施用量 10～15kg，对高粱促早熟、夺高产作用尤为明显。实践证明，施用磷肥作口肥有明显的增产作用，施 1kg 磷肥可增产高粱 4kg，在黑土和黑黄土上施用磷肥也可增产，在西部盐碱地、黄沙土上施用磷肥效果更为突出。在施种肥时，应注意种、肥分开，以防烧芽，影响出苗率。

3. 追肥

高粱拔节期生长迅速，是需肥最多的时期。一般多追施速效氮肥，如硫酸铵、碳酸氢铵等。追肥可在拔节初期进行，结合铲蹚二遍地时追入，每亩可追 15～20kg。追肥方法，在铲完地后，将化肥条施或穴施在离根部 5cm 左右，然后立即蹚地，覆土盖严，以免肥料挥发流失降低肥效。为了提高化肥的利用率，应大力推广深施肥。在秋季气温下降快，追肥应尽量提前，一般在 7 月初追完。在追肥多、量大时，可分两次追入，拔节初期和孕穗期追入。在高粱生长期植株发黄，表现脱肥时，还可采取根外追肥。

二、田间管理

1. 保苗

高粱生产中存在的主要问题是"缺苗断垄，苗数不足，三类苗多"，严重影响着高粱的产量。因此，在播后田间管理的第一个中心任务是保证苗全、苗齐、苗壮。高粱出苗后，要及时查苗补苗，补苗的方法，一是补种，二是移栽。若缺苗较多，要补种，可采用催芽，坐水种；缺苗少可移栽补苗，可在阴天或下午进行，带土坐水移栽，缓苗快，成活率高。补种或移栽一定要抓早、抓紧，做到苗全苗壮。

2. 间苗

在苗全的基础上，间苗宜早不宜迟，间苗过晚，由于植株拥挤，苗期生长受抑制，影响以后的生长发育。苗出齐后，当长出 3 叶时，开始疏苗，5 叶时定苗。低洼地和地下害虫危害重的地块，可采取早疏苗，晚定苗的方法，以免造成缺苗。间苗时应尽量选留大苗、壮苗，结合间苗把苗眼草除净。

3. 中耕除草

铲蹚是高粱田间管理的重要工作。铲蹚可消灭杂草，防止杂草和高粱争夺养分、水分和阳光，减少病虫害的发生和传播。铲蹚可疏松土壤，提高地温，有利于幼苗早生、快发、防旱、防涝。干旱时铲蹚能切断土壤毛细管，减少土壤水分蒸发，有利于防旱保墒。多雨时铲蹚又可促进水分蒸发，有利于散墒防涝。铲、蹚要结合进行，随铲随蹚，以提高铲蹚效果，一般可进行 3~4 次，高粱铲蹚宜早不宜晚，争取在雨季来之前，除净杂草，蹚起大垄。结合铲蹚及时去掉分蘖（缺苗处留分蘖），以免浪费养分，有利于主茎生长发育。

4. 收获与储藏

高粱在蜡熟末期可以收获，即穗基部籽粒顶浆，这时收获产量最高。食用型高粱在霜前割倒晾晒，要防霜冻影响适口性。酿造型品种可适当晚收，籽粒干后收割脱粒。

（1）高粱的储藏特点：收获高粱期间，由于气温往往受到早霜的影响，因而新粮的水分大，未熟粒多，新收获的高粱水分一般在16%～25%。高粱种皮内含有丹宁、高粱所含的丹宁能够降低种皮的透水性，并有一定的防腐作用。

高粱储藏期间遇到不适宜的条件，容易发热霉变，而且发热的速度较快，在开始变化时，粮面首先湿润（出汗），颜色变得鲜艳，以后堆内逐渐结块发湿，散落性降低。一般经过4～5天，即可发生白色菌丝。如再经2～3天，粮温即迅速上升。胚部出现绿色菌落，结块明显，如不及时处理，整个变化约15天，粮温可上升到50～60℃，严重霉变，丧失食用品质。

（2）高粱储藏方法：①干燥除杂：新收获的高粱，具有水分大、杂质多的特点，在征购中要做到按水分含量、洁净度分等级入仓，对于不符合安全储藏标准的高粱必须适时晾晒，使水分降到安全标准以内，同时清除杂质，做到干燥无杂质。②低温密闭：高粱的特性是适于低温储藏，因此，应充分利用寒冬季节降温后密闭保管，经过干燥除杂、寒冬降温的高粱，一般可以安全度夏。

第五节　病虫害防治

高粱病害较多，主要有黑穗病、纹枯病、锈病、大斑病等，近年顶腐病也有发生。虫害不同时期都有为害，在苗期有地下害虫，中、后期有粘虫、蚜虫、玉米螟等危害。

一、病害

1. 高粱黑穗病

高粱黑穗病有三种，即坚黑穗病、散黑穗病、丝黑穗病，以丝黑穗病（乌米）为害为主。病菌由土壤和种子传播，在高粱播种后种子萌发时，病菌的厚垣孢子也同时萌发侵入高粱幼芽里，伴随高粱生长，到高粱幼穗形成时就破坏穗部变成乌米。

（1）症状。病株矮于健株。发病初期病穗穗苞很紧，下部膨大，旗叶直挺，剥开可见内生白色棒状物，即乌米。苞叶里的乌米初期小，指状，逐渐长大，后中部膨大为圆柱状，较坚硬。乌米在发育进程中，内部组织由白变黑，后开裂，乌米从苞叶内外伸，表面被覆的白膜也破裂开来，露出黑色丝状物及黑粉，即残存的花序维管束组织和病原菌冬孢子。叶片染病在叶片上形成红紫色条状斑，扩展后呈长梭形条斑，后期条斑中部破裂，病斑上产生黑色孢子堆，孢子量不大。该病在辽宁、吉林、山西发生普遍且严重。

（2）病原。Sphacelotheca reiliana（Kühn.）Clint. 异名 Sorosporium reilianum（Kühn.）Mc. Alp. 称高粱丝轴黑粉菌，属担子菌亚门真菌。冬孢子球形至卵圆形，暗褐色，壁表具小刺，大小（10～15）μm ×（9～13）μm。初期冬孢子常30多个聚在一起，后形成球形至不规则形的孢子团，大小50～70μm，但紧密，成熟后即散开。孢子堆外初具由菌丝组成的薄膜，后破裂冬孢子散出。冬孢子需经生理后熟才能萌发，在32～35℃，湿润条件下处理30天，萌发率明显提高，病菌在人工培养基上能生长。

（3）传播途径和发病条件。该病以种子带菌为主。散落在土壤中的病菌能存活1年，冬孢子深埋土内可存活3年，散落于土壤或粪肥内的冬孢子是主要侵染源。冬孢子萌发后以双核菌丝侵入高粱幼芽，从种子萌发至芽长1.5cm时，是最适侵染期。侵入的菌丝初在生长锥下部组织中，40天后进入内部，60天后进入分化的花芽中。该病是幼苗系统侵染病害，病菌有高粱、玉米两个寄主专化型。高粱专化型主要侵染高粱，虽能侵染玉米，但发病率不高。玉米专化型只侵染玉米，不能侵染高粱，中国已发现3个生理小种。土壤温度及含水量与发病密切相关。土温28℃，土壤含水量15%发病率高。春播时，土壤温度偏低或覆土过厚，幼苗出土缓慢易发病，连作地发病重。

（4）防治方法。①选用抗病品种。目前生产上抗丝黑穗病的杂交种有：辽杂 12 号、晋杂 18、龙杂 6 号、黑杂 46、齐杂 1 号、晋杂 5 号、忻杂 5 号、忻杂 7 号、冀杂 1 号、辽杂 4 号、辽饲杂 2 号等。抗病亲本有黑龙 14A、7152A、吉农 105A 等。②大面积轮作。与其他作物实行 3 年以上轮作，能有效地控制该病发生，是经济有效的农业防治措施。③秋季深翻灭菌，可减少菌源，减轻下一年发病。④种子处理。温水浸种：用 45～55 ℃温水浸种 5min 后接着闷种，待种子萌发后马上播种，既可保苗又可降低发病率。药剂拌种：用 2% 戊唑醇（立克秀）湿拌种剂 30～60g 拌 10kg 种子或 6% 立克秀悬浮种衣剂 133.3～200ml 拌 100kg 种子，5% 烯唑醇（速保利）拌种剂 15～20g（有效成分）拌 100kg 种子。也可用 50% 萎锈灵粉剂 35g 拌 5kg 种子，拌种后播种。⑤适时播种，不宜过早。提高播种质量，使幼苗尽快出土，减少病菌从幼芽侵入机会。⑥拔除病穗。要求在出现灰包并尚未破裂之前进行，集中深埋或烧毁。另外，近年高粱顶腐病有发展趋势，顶腐病是由镰刀菌引起的，喷洒松酯酸酮加丰产灵，效果较好。

2. 高粱纹枯病

（1）症状。高粱纹枯病是高粱生产中经常发生的病害，发病后在近地面的茎秆上先产生水浸状病变，后叶鞘上产生紫红色与灰白色相间的病斑。在生育后期或天气多雨潮湿条件下，病部生出褐色菌核。该病也可蔓延至植株顶部，对叶片造成为害，发病重的植株提早枯死。茎基部叶鞘染病初生白绿色水浸状小病斑，后扩大成椭圆形、四周褐色、中间较浅的病斑。叶

片染病呈灰绿色至灰白色云状斑，多数病斑融合成虎斑状，致全叶枯死。湿度大时叶鞘内外长出白色菌丝，有的产生黑褐色小菌核。

（2）病原。RhizoctoniasolaniKuhnAG－1－IA 和 AG－5 两个菌丝融合群，据华北分离 AG－1－IA 菌丝融合群占 77%，AG－5 菌丝融合群占 l9.2%，AG－4 占 3.8%。有性态为 Thanatephoruscucumeris（Frank）Donk. 称瓜亡革菌，属担子

菌亚门真菌。菌丝生长温限 7～40℃，适温 26～32℃。菌核在 26～32℃ 和相对湿度 95% 以上时，经 10～12 天即可萌发产生菌丝。菌丝生长适宜 pH5.4～7.3，相对湿度高于 85% 时，菌丝才能侵入寄主。

（3）传播途径及发病条件。病菌以菌丝和菌核在病残体或在土壤中越冬。翌春条件适宜，菌核萌发产生菌丝侵入寄主，后病部产生气生菌丝，在病组织附近不断扩展。菌丝体侵入玉米表皮组织时产生侵入结构。接种 6 天后，菌丝体沿表皮细胞连接处纵向扩展，随即纵、横、斜向分枝，菌丝顶端变粗，生出侧枝缠绕成团，紧贴寄主组织表面形成侵染垫和附着胞。电镜观察发现，附着胞以菌丝直接穿透寄主的表皮或从气孔侵入，后在玉米组织中扩展。接种后 12 天，在下位叶鞘细胞中发现菌丝，有的充满细胞，有的穿透胞壁进入相邻细胞，使原生质颗粒化，最后细胞崩解。接种后 16 天，AG-IIA 从玉米气孔中伸出菌丝丛，叶片出现水浸斑。24 天后，AG-4 在苞叶和下位叶鞘上出现病症。再侵染是通过与邻株接触进行的，所以该病是短距离传染病害。

播种过密、施氮过多、湿度大、连阴雨多易发病。主要发病期在玉米性器官形成至灌浆充实期，苗期和生长后期发病较轻。

（4）防治方法。①清除病原及时深翻消除病残体及菌核。发病初期摘除病叶，并用药剂涂抹叶鞘等发病部位。②实行轮作，合理密植，注意开沟排水，降低田间湿度，结合中耕消灭田间杂草。③药剂防治、用浸种灵按种子重量 0.02% 拌种后堆闷 24～48h。发病初期喷洒 1% 井冈霉素 0.5kg 兑水 200kg 或 50% 甲基硫菌灵可湿性粉剂 500 倍液、50% 多菌灵可湿性粉剂 600 倍液、50% 苯菌灵可湿性粉剂 1500 倍液、50% 退菌特可湿性粉剂 800～1000 倍液。也可用 40% 菌核净可湿性粉剂 1000 倍液或 50% 农利灵或 50% 速克灵可湿性粉剂 1000～2000 倍液。喷药重点为玉米基部，保护叶鞘。④提倡在发病初期喷洒移栽灵混剂。

3. 高粱锈病

（1）症状。高粱锈病主要为害叶片，初期在叶上出现红色或紫色小斑点，后斑点逐渐扩大且在叶片表面形成椭圆形隆起，即夏孢子堆。夏孢子堆破裂后散出锈褐色粉末，即夏孢子。发病后期，在夏孢子堆上形成长圆形黑色的突起，即冬孢子堆，其外形较夏孢子堆大。

（2）病原。P. purpurea
夏孢子堆生在叶两面的病斑
上，栗褐色，四周有棍棒形
或头状侧丝，侧丝褐色。夏
孢子近球形或洋梨形，大小
（24～44）μm×（20～29）
μm，具瘤状细刺，壁暗黄褐
色，具5～10个芽孔。冬孢

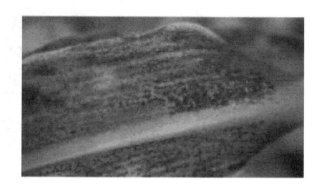

子堆生在叶两面，长1～3mm，红褐色。冬孢子长椭圆形，大小（36～54）μm×
（24～32）μm，顶端圆形，分隔处稍缢缩，侧壁厚2～3μm，深褐色。

（3）传播途径及发病条件。病菌以冬孢子在病残体上、土壤中或其他寄主
上越冬。翌年条件适宜时，冬孢子萌发产生担孢子侵入幼叶，形成性子器，后在
病斑背面产生锈子器，器内锈孢子飞散传播后在叶片上有水珠时萌发，也从叶片
侵入，形成夏孢子堆和夏孢子。夏孢子借气流传播，进行多次再侵染。高粱接近
收获时，在产生夏孢子堆的地方，形成冬孢子堆，又以冬孢子越冬，7～8月雨
季易发病。

（4）防治方法。①选育抗病品种。②施用酵素菌沤制的堆肥，增施磷钾肥，
避免偏施、过施氮肥，提高寄主抗病力。③加强田间管理，清除杂草和病残体，
集中深埋或烧毁，以减少侵染源。④在发病初期开始喷洒25%三唑酮可湿性粉
剂1500～2000倍液或40%多硫悬浮剂600倍液、50%硫磺悬浮剂300倍液、
30%固体石硫合剂150倍液、25%敌力脱乳油3000倍液、12.5%速保利可湿性
粉剂4000～5000倍液，隔10天左右1次，连续防治2～3次。

4. 高粱大斑病

（1）症状。高粱大斑病是高粱产区常见叶部病害，主要为害叶片。叶片上
病斑长梭形，中央浅褐色至褐色，边缘紫红色，早期可见不规则的轮纹，大小
（20～60）mm×（4～10）mm，后期或雨季叶两面生黑色霉层，即病原菌子实
体。一般从植株下部叶片逐渐向上扩展，雨季湿度大扩展迅速，常融合成大斑致

叶片干枯。

（2）病原。Setosphaeria tur-cica（Luttr.）Leonard & Suggs 称玉米毛球腔菌，属子囊菌亚门真菌。无性态为 Exserohilum turci-cum（Pass.）Leonard et Suggs 称大斑凸脐蠕孢，属半知菌亚门真菌，异名 Helminthosporium turci-cum Pass. 等。本菌与玉米大斑病是同一个种两个不同的生理专化型。高粱专化型不侵染玉米，但玉米专化型能侵染高粱。

（3）传播途径和发病条件。病菌以菌丝体在病残体上越冬。翌年孢子萌发进行初侵染和再侵染，7 月可造成较重的为害。常温多雨的年份易流行，引致高粱大面积翻秸。

（4）防治方法。①选用抗大斑病的品种或赤杂 5 号、龙杂 4 号、松杂 1 号等叶斑病轻的品种。②加强高粱田管理。适时秋翻，把病残株沤肥或烧毁，减少菌源。③增施有机肥或酵素菌沤制的堆肥，提倡沟施农用活性有机（粪）肥，每亩施用 2500kg，沟施后盖土。也可喷洒奥普尔有机活性液肥 800 倍液。

二、虫害

（一）地下害虫

为害高粱的地下害虫主要有蛴螬、蝼蛄和金针虫。其中以蛴螬发生普遍，较为严重，有时造成高粱严重缺苗断条，遭致减产。蛴螬又名蛭虫，是金龟子的幼虫。大部分两年一代，以成虫或幼虫在土中越冬。过冬成虫于 5 月末 6 月初开始爬出地面活动，并潜伏在豆科等作物根系或土壤中产卵。因此，豆茬地种高粱时，往往受地下过冬蛴螬的为害，在高粱幼苗时把根咬断，致使小苗枯死。蝼蛄又名拉拉蛄，北方大部分地区以非洲蝼蛄为主，为害高粱幼苗，被蝼蛄咬断根或串过的地方使土、根分离，小苗枯死。金针虫又名黄泥虫，成虫叫叩头虫。局部地区发生较多的是细胸金针虫，沟金针虫次之，主要为害高粱种子和幼苗。

防治方法：消灭地下害虫的关键时间是在播种期。①杂粮种衣剂（10％克百威、10％福美双）包衣。②辛硫磷拌种、闷种：用50％辛硫磷乳剂0.5kg兑水12kg，每千克稀释药液可拌10kg种子，种子拌药后，堆在一起闷种3～4h，晾干后播种。③辛硫磷制毒谷。用50％辛硫磷乳剂1kg加75kg煮半熟的谷子或谷秕子，拌匀后堆起闷5h，晾干，在播种时施入。④施3％的呋喃丹播种时施下。⑤可采用黑光灯等灯光诱杀蝼蛄。

（二）高粱条螟

高粱条螟（Chilo sac-chariphagus）属鳞翅目，螟蛾科。分布在东北、华北、华东、华南等省。以幼虫蛀害高粱茎秆，初孵幼虫群集于心叶内啃食叶肉，留下表皮，待心叶伸出时可见网状小斑或很多不规则小孔，后从节的中间叶鞘蛀入茎秆，遇风时受害处呈刀割般折

断。以群集为主，一株茎秆内常见到几条到十几条幼虫，并可见到几头幼虫在同一孔道内为害。

1. 形态特征

成虫雄蛾浅灰黄色，头、胸背面浅黄色，下唇须向前方突出。复眼暗黑色，前翅灰黄色，中央具1小黑点，后翅色浅。雌蛾近白色，腹部和足均为黄白色。卵扁平椭圆形，表面具龟甲状纹，常排列成"人"字型双行重叠状卵块，初乳白色，后变深黄色。冬型末龄幼虫体初乳白色，上生淡红褐色斑连成条纹，后变为淡黄色。蛹红褐至黑褐色，腹部末端有突起2个，每个突起上有刺2个。

2. 发生规律

每年发生2～5代，在辽宁南部、河北、山东、河南及江苏北部一年发生2代，江西发生4代，广东、台湾4～5代，以末龄幼虫在高粱、玉米或甘蔗秸秆

中越冬。北方于 5 月中下旬开始化蛹，5 月下旬至 6 月上旬羽化。第 1 代幼虫于 6 月中、下旬出现并为害心叶。第 1 代成虫 7 月下旬至 8 月上旬盛发，8 月中旬进入第 2 代卵盛期，第 2 代幼虫于 8 月中下旬为害夏玉米和夏高粱的穗部，有的留在茎秆内越冬。成虫喜在夜间活动，白天多栖居在寄主植物近地面部分的叶下，初孵幼虫灵敏活泼，爬行迅速。

3. 防治方法

及时处理秸秆，以减少虫源。注意及时铲除地边杂草，定苗前捕杀幼虫。成虫产卵盛期，可用下列药剂防治：50% 辛硫磷乳油 50ml 加入 20～50kg 水，每株 10ml 灌心，1.3% 乙酰甲胺磷颗粒剂或 1% 甲萘威颗粒剂 7.5kg/亩撒入喇叭口，50% 杀螟硫磷乳油 1000 倍液，叶面喷雾。40% 乐果乳油 2000 倍液喷施于穗部，亩喷 50～70L。2.5% 溴氰菊酯乳油 10～20ml/亩，撒施拌匀的毒土或毒砂 20～25kg/亩，顺垄低撒在幼苗根际处，使其形成 6cm 宽的药带，杀虫效果好。

（三）高粱蚜

高粱受害后叶色变红枯死，受害重的高粱"拉弓"不能抽穗，即使抽穗也不能结实，造成减产。

1. 为害特点

高粱蚜寄生在寄主作物叶背吸食营养，初期多在下部分叶片为害，逐渐向植株上部叶片扩散，并分泌大量蜜露，滴落在下部叶面和茎上，油光发亮，影响植株光合作用及正常生长，造成叶色变红、"秃脖"、"瞎尖"穗小粒少，影响高粱的产量和品质。

2. 发生特点

高粱蚜发生世代短、繁殖快。以卵在杂草上越冬，当 6 月高粱出苗后，迁入高粱田繁殖为害，苗期呈点片发生。在此期间若持续两旬平均气温在 22℃以上，降雨均在 25mm 以下（高温低湿）高粱蚜即可能大发生，反之若在此期间降雨量较多，气温偏低，就不利于蚜虫发生。

3. 防治方法

①早期消灭中心蚜株（即窝子蜜），方法可轻剪有蚜底叶，带出田外销毁。点片施药用 40% 乐果乳油 1500 倍液。②每亩用 40% 乐果乳油 50g，对等量水均匀拌入 10～13kg 细砂土内，配制成乐果毒土，在抽穗前扬撒在高粱株上。③40% 氧化乐果加 10% 吡虫啉进行联合用药防治。

（四）桃柱螟

桃柱螟学名 Dichocrocis punctiferalis（Guenee）鳞翅目，螟蛾科。又名桃斑螟，俗称桃蛀心虫、桃蛀野螟。分布北起黑龙江、内蒙古，南至台湾、海南、广东、广西、云南南缘，东接前苏联东境、朝鲜北境，西面自山西、陕西西斜至宁夏、甘肃后，折入四川、云南、西藏。主要寄主有高粱、玉米、粟、向日葵、蓖麻、姜、棉花、桃、柿、核桃、板栗、无花果、松树等。近年在一些省区为害高粱、杂交油用葵花、玉米较重，应引起重视。

1. 为害特点

为害高粱时成虫把卵单产在吐穗扬花的高粱上，一穗产卵 3～5 粒，初孵幼虫蛀入高粱幼嫩籽粒内，用粪便或食物残渣把口封住，在其内蛀害，吃空一粒又转一粒直至三龄前。三龄后吐丝结网缀合小穗中间留有隧道，在里面穿行啃食籽粒，严重的把高粱粒蛀食一空。此外还可蛀秆，为害情况参见玉米螟。为害玉米时，主要蛀食雌穗，也可蛀茎，受害株率达 30%～80%，在四川宜宾从秋玉米抽雄至蜡熟阶段把卵产在雄穗、雌穗、叶鞘合缝处或叶耳正反面，百株卵量高达1729 粒。

2. 生活习性

辽宁年生 1～2 代，河北、山东、陕西 3 代，河南 4 代，长江流域 4～5 代，均以老熟幼虫在玉米、向日葵、蓖麻等残株内结茧越冬。在河南一代幼虫于 5 月下旬至 6 月下旬先在桃树上为害，2～3 代幼虫在桃树和高粱上都能为害。第 4 代则在夏播高粱向日葵上为害，以 4 代幼虫越冬，翌年越冬幼虫于 4 月初化蛹，4月下旬进入化蛹盛期，4 月底至 5 月下旬羽化，越冬代成虫把卵产在桃树上。6月中旬至 6 月下旬一代幼虫化蛹，一代成虫于 6 月下旬开始出现，7 月上旬进入羽化盛期，二代卵盛期跟着出现，这时春播高粱抽穗扬花，7月中旬为二代幼虫为害盛期。二代羽化盛期在8月上、中旬，这时春高粱近成熟，晚播春高粱早播夏高粱正抽穗扬花，成虫集中在这些高粱上产卵，第三代卵于7月底8月初孵化，8月中、下旬进入三代幼虫为害盛期。8月底三代成虫出现，9月中旬进入盛期，这时高粱和桃果已采收，成虫把卵产在晚夏高粱和晚熟向日葵上，9月中旬至10月上旬进入四代幼虫发生为害期，10月中、下旬气温下降则以卤代幼虫越冬。在河南一代卵期8天，二代4.5天，三代4.2天，越冬代6天；一代幼虫历期19.8天，二代13.7天，三代13.2天，越冬代208天，幼虫共5龄；一代蛹期8.8天，二代8.3天，三代8.7天，越冬代19.4天；一代成虫寿命7.3天，二代7.2天，三代7.6天，越冬代10.7天。成虫羽化后白天潜伏在高粱田经补充营养才产卵，把卵产在吐穗扬花的高粱上，卵单产，每雌可产卵169粒，初孵幼虫蛀入幼嫩籽粒中，堵住蛀孔在粒中蛀害，蛀空后再转一粒，3龄后则吐丝结网缀合小穗，在隧道中穿行为害，严重的把整穗籽粒蛀空。幼虫者熟后在穗中或叶腋、叶鞘、枯叶处及高粱、玉米、向日葵秸秆中越冬。雨多年份发生重。天敌有黄眶离缘姬蜂、广大腿小蜂。

3. 防治方法

①冬前高粱、玉米要脱空粒，并及时处理高粱、玉米、向日葵等寄主的秸秆、穗轴及向日葵盘。②安装黑光灯诱杀成虫。③提倡喷洒苏云金杆菌1000倍液或青虫菌液100～200倍液。

（五）高粱蝼蛄

高粱蝼蛄学名又称拉拉蛄，是为害高粱的主要地下害虫。有华北蝼蛄和非洲蝼蛄两种。

1. 高粱蝼蛄形态特征

非洲蝼蛄，成虫体长3.1cm左右，灰褐色。头小，为黑褐色，触角黄褐色，丝状。前足发达，为开掘足。华北蝼蛄，体形大，长 4cm 左右，黄褐色。卵椭圆形，乳白色，后期变黄，孵化前为暗紫色。若虫与成虫相似，翅短小。

2. 高粱蝼蛄生活习性

生活习性和活动规律。蝼蛄在一天中的活动是昼伏夜出，晚 21 时至凌晨 3 时为活动为害高峰，两种蝼蛄均有趋光性和趋化性，在黑光灯下能诱到大量非洲蝼蛄，华北蝼蛄因体笨，飞翔差，诱集很少。初孵化的华北蝼蛄有群集性，怕风、怕光、怕水，以成虫和若虫越冬，春天 4~5 月开始活动，10 月越冬。喜栖于温暖湿润、富含腐殖质的壤土或砂壤土中。其成虫和若虫均能在土中咬食种子和幼苗。有时活动于地表，将幼苗咬断，折断处成丝状。会刨土掘洞，在土层表面穿成隧道，破坏根系。

3. 高粱蝼蛄防治方法

①拌种：用配制好的包衣剂进行种子包衣（用噻虫嗪、吡虫啉拌种）；50% 辛硫磷乳油 250ml；40% 二嗪农乳油 125ml；20% 甲基异柳磷乳油 250ml，对水 10L，拌种后堆闷 4h 以上，晾干后播种。②苗期灌根：用 50% 乙硫磷乳油 1500 倍液，每株 100ml 灌根。③毒饵：用麦麸、秕谷、棉饼炒熟，也可用鲜草，按 1kg 甲拌磷拌饵料 200kg，加水适量，充分拌匀后，于傍晚撒于地表，每亩 2.5~3.5kg。防治蝼蛄，效果较好。④利用蝼蛄的趋光性，进行灯光诱杀：在灯下的地面撒甲拌磷或呋喃丹粉，防治效果更好。

（六）玉米螟

玉米螟是世界性大害虫。以幼虫为害，能为害的植物多达 215 种。幼虫可以为害高粱、玉米的任何部位，但主要是茎部受害。在高粱生育的后期主要为害穗柄和茎秆，其蛀入部位多在穗柄中部或茎节处，造成折穗和折茎。蛀孔外部茎秆和叶鞘出现红褐色，影响籽粒灌浆，使粒重下降造成减产。防治方法：有生物防治，释放赤眼蜂、白僵菌防治玉米螟；物理防治，安装诱虫灯诱杀成虫，药剂防治可参考玉米防治法。

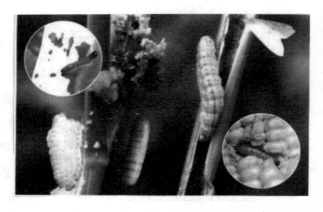

（七）高粱低温冷害

1. 症状

高粱低温冷害是高粱生育期间，遇到低温，造成生理活性下降，生长发育延迟或性细胞生长发育受阻，从而使产量降低。

高粱低温冷害分延迟型、障碍型、混合型3种。中国北部高粱产区主要表现为延迟型：即在营养生长期或生殖生长期较长时间遭受低温，生活活性明显减弱，生长、发育明显滞缓，抽穗成熟延迟，霜前不能充分灌浆，不仅产量锐减，且品质变劣，籽粒不饱满，带壳籽粒增多，蛋白质含量低。障碍型：主要是生殖器官分化期至抽穗开花期，遭受短时间异常低温，妨碍生殖细胞的正常发育和受精结实，造成不育或部分不育。这一类型仅个别年份局部地区发生。混合型冷害：是延迟型、障碍型同时兼有的一种冷害，中国不多见。

2. 病因

高粱播种至拔节期，高粱种子发芽最低温度为 7 ~ 8 ℃，出苗温度 12 ~ 14 ℃。此间遇持续低温，常造成粉种或苗弱。至于高粱出苗的天数，常随播种时温度增高而减少。苗期低温会延迟成熟。拔节至抽穗期，一般不会出现低温冷害。高粱开花后，营养生长停止，进入生殖生长期，此间仍要求较高温度和充足的光照条件。多年生产实践证明千粒重高低与温度高低及持续时间长短呈正相关。生产上温度对生育前期和后期影响较大，尤其是生育后期影响最大。

我国东北三省及内蒙古高粱栽培区无霜期短，年平均气温低，年度间温度和霜期变化很大，一般每 4 ~ 5 年出现一次低温年，常使高粱因低温冷害而减产。受害程度黑龙江最重，吉林次之，辽宁较轻，内蒙古、河北、山西北部，有些年份也有发生。经测定生产上 ≥10℃ 的活动积温低于 2400℃ 为低温年，低于 2250℃ 则为严重低温年。2401 ~ 2550℃ 为平年指标，高于 2550℃ 为丰年指标。低温冷害出现机率略具规律性，一般 2 ~ 4 年发生 1 次，20 年中平均 3.5 年发生 1

次。低温大致可分4种类型：一是常年低温型。二是低温干旱早霜型。三是低温多雨寡照型。四是干旱早霜型。其中低温干旱早霜型受害最重，对高粱来说是属于延迟性冷害。温度或热量是影响高粱生长发育的主要因素，≥10 ℃的活动积温越高且持续时间越长，对高粱生长发育越有利，其产量相应提高。

3. 防治方法

防止延迟型低温冷害措施有：① 选用早熟高产良种。②采用地膜覆盖栽培技术。③适时播种，促使高粱幼苗及时出土。④ 提倡施用酵素菌沤制的堆肥，增施有机肥。高粱对肥料要求很高，增施有机肥及速效磷肥，不仅高产，而且能促进早熟，尤其是磷肥效果更为明显。⑤ 加强田间管理，出苗后及时疏苗、定苗，铲除杂草，深松耕地。特别是低洼易涝地，地温低，可采用垄作台田，提高地温。雨后及时排除田间积水，促进生长发育。

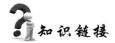知识链接

高粱生产应注意和重视的问题

1. 适时晚播

过去主张适时早播，现在已经不适用，气候发生变化，品种也更新了。早播带来的弊病，一是播种早气温和地温均低，土壤湿度大，种子在土壤中长时间长不能发芽，容易感染各种霉菌病菌，造成粉种。即使高粱萌发，生长也很慢，较长时间不易出苗，此时黑穗病菌也萌发，因此，易感染黑穗病菌（高粱黑穗病感染时期就是高粱萌发至出苗这段时间）。二是使植株早衰，播种早，出苗相对也早，7月下旬植株开花后开始灌浆，此时气温较高，容易高温逼熟，灌浆时间短，使籽粒小而不饱满，造成生育后期的光能浪费，产量低。三是当前推广的杂交种的母本多为国外品系，对当地气候条件适应性较差，播种早更容易缺苗断垄甚至毁种，因此适时晚播对高粱生产是有利的。例如吉林省高粱最适播种期是5月中旬。

2. 合理密植

合理密植是提高高粱单位面积产量的有效措施。合理密植是通过适当增加每亩种植株数，建立一个合理的群体结构，扩大叶面积和根量。充分利用光能和地力，使个体发育健壮，群体发育良好，增加物质积累而获得高产。近年来广大农民已经认识到密植可以增产，因此往往种植密度过大，品种种植太密容易造成倒伏减产，而且影响品质。那么如何确定种植密度：

（1）根据选用品种的说明书确定密度，一般种植密度不能超过说明书中确定的密度范围。

（2）根据高粱品种高度确定种植密度，高秆品种，植株高大，叶片繁茂，一般亩保苗5000株。中秆杂交种7000株，中矮秆杂交种8000株。

（3）根据叶片宽窄确定种子密度，宽叶品种种植密度小，窄叶品种种植密度大些。

（4）根据土壤肥力确定种植密度。种植密度与土壤肥力密切相关，种植密度的增加必须有充分的水肥条件作保证。通常所说的"肥地宜密，薄地宜稀"就是这个道理。土壤瘠薄、保水性差的土地，适当稀植。

3. 确定适宜的种植方式

随着种植密度的加大，种植方式也在改变。各地最主要的方法是："缩垄增行"，改大垄为小垄，行距由原来60cm以上，缩小到50cm或40cm以下；其目的是缩小行距，扩大株距，使植株间不拥挤，使个体分布更加均匀，有利于植株对水肥及光能的吸收利用，单株生长发育好，群体产量就更高。如公顷留苗15万株，行距60cm时，株距只有11.1cm，而把行距改小到30cm，株距就放大到22cm。另外"宽窄行"（又称大小垄）种植，大垄60cm，小垄30cm间隔种植。还有大垄双行种植，80cm垄距种植两行，或者70cn垄距之间种植两行。到底采用哪种方式，必须与使用的农机具和管理方式相配套，便于田间作业。总之，有了耐密型杂交种必须要有密植的栽培方法，才能获得最高的产量。

4. 使用农药时注意药害

高粱对药剂敏感，特别是敌敌畏、敌百虫类药禁用。一是不能喷洒这类药剂，二是相邻地块也不能喷洒敌敌畏类药剂，因为敌敌畏有熏蒸作用，间隔几十米都有药害，使叶片变成红色，影响光合，影响产量。

5. 安全、合理使用除草剂

除草是高粱生产的一个重要环节，传统人工除草成本高，费工、费力。生产实践证明，使用除草剂具有除草及时、效果好、劳动强度低、工效高、成本低等优点。但是高粱对除草剂敏感。由于不正确的使用经常给高粱生产带来损失，所以，要严格掌握使用浓度、时期和方法。常用的高粱除草剂有异丙甲草胺（都尔）、阿特拉津等，这些除草剂大多在播后苗前使用；苗后使用除草剂时要在 6 叶期以后喷洒。当发生药害时，及时喷洒松酯酸酮加营养剂和生长调节剂，可以解除药害。

6. 追化肥应注意的问题

近年有的地方追肥不注意施后培土，浪费较大，肥效利用率低，施肥后要培土，以便提高利用率。碳酸氢铵很不稳定，易分解为氨气挥发，不宜浅施。硫酸铵忌长期使用，因它属于生理性酸性化肥，若在地里长期施用会增加土壤酸性，破坏土壤团粒结构，使土壤板结，而降低理化性能，不利培肥地力。施尿素时注意：一是要提前一周施入，因为尿素有一个分解过程，转化为铵，才能被植物吸收。二是尿素施用后不宜马上浇水，容易转为酰胺，随水流失，尿素也要深施盖好，这样可提高肥效20%。

7. 注意灌水

高粱虽然抗旱性较强，但在干旱缺水情况下要及时灌水。①播种后如果干旱，要保证出苗水；②拔节后营养生长与生殖生长并进时期，需水多，干旱影响穗大小，要保证穗水；③在开花结束后籽粒灌浆期干旱，影响光合和干物质向籽粒运输，要保证粒水。在这几个关键时期如果缺水对产量影响特大，有条件要及时灌水。

第六节 高粱品种介绍

一、东粱80（辽审粱〔2007〕63号）

辽宁东亚种业有限公司2002年以1055A为母本、H100为父本组配而成的高粱新品种。2007年通过辽宁省农作物品种审定委员会审定。

1. 特征特性

该品种春播生育期123天左右，与对照辽杂11号相似，属中晚熟品种。芽鞘绿色，叶片绿色，苗期长势强，根蘖0~1个，株高196.3cm，20~22片叶，中脉灰白色。中散穗，长纺锤形穗，穗长32.2cm，育性100%。壳褐色，籽粒红色，穗粒重87.8g，千粒重30.8g，籽粒整齐。着壳率2.1%，角质率55%，出米率85%，适口性好。经测定，籽粒粗蛋白含量10.04%、总淀粉含量76.58%、赖氨酸含量0.19%、单宁含量1.15%。人工接种鉴定，高抗丝黑穗病，田间自然发病率0。

2. 产量表现

2005~2006年参加辽宁省高粱中晚熟组区域试验，13点次增产，4点次减产，两年平均亩产525.7kg，比对照辽杂11号增产4.8%。2006年参加同组生产试验，平均亩产530.6kg，比对照辽杂11号增产4.8%。

3. 栽培技术要点

在辽宁地区中等肥力以上地块种植，每亩适宜密度为6000株。注意防治地下害虫。

4. 适宜地区

东粱80适宜在辽宁铁岭、锦州、葫芦岛、阜新、海城、黑山等地区种植。

二、辽粘2号（辽审粱［2007］64号）

辽宁省农业科学院作物研究所2002年以003A为母本、辽粘R－2为父本组配而成的高粱新品种。2007年通过辽宁省农作物品种审定委员会审定。

1. 特征特性

该品种春播生育期120天左右，比对照辽杂11号早3天，属中晚熟品种。芽鞘绿色，叶片绿色，苗期长势中等，根蘖1～2个，株高176.9cm，20～22片叶，中脉蜡色。中紧穗，纺锤形穗，穗长30.2cm，育性100%，壳褐色，籽粒红色，穗粒重85.2g，千粒重30.1g，籽粒整齐度好。着壳率3%，角质率76%，出米率83%，适口性好。经测定，籽粒粗蛋白含量9.55%、总淀粉含量76.08%、赖氨酸含量0.2%、单宁含量0.03%。人工接种鉴定，高抗丝黑穗病，抗倒伏，抗蚜虫，较抗螟虫。

2. 产量表现

2005～2006年参加辽宁省高粱中晚熟组区域试验，3点次增产，13点次减产，两年平均亩产485.3kg，比对照辽杂11号减产3.3%；2006年参加同组生产试验，平均亩产488.1kg，比对照辽杂11号减产3.5%。

3. 栽培技术要点

在辽宁省以南地区中等肥力以上地块种植，每亩适宜密度为7000株。每亩施用5kg钾肥做底肥或种肥。注意防治地下害虫、黏虫和螟虫。

4. 适宜地区

辽粘2号适宜在辽宁铁岭、朝阳、黑山等地区种植。

三、沈杂9号（辽审粱［2007］65号）

沈阳市农业科学院2004年以承16A为母本、9030为父本组配而成的高粱新品种。2007年通过辽宁省农作物品种审定委员会审定。

1. 特征特性

该品种春播生育期 115 天左右，比辽杂 11 号早 5 天，属早熟品种。芽鞘绿色，叶片绿色，苗期长势强，根蘖 2～3 个，株高 198cm，19～20 片叶，中脉蜡白色。中散穗，长纺锤形穗，穗长 34.5cm，育性 100%，壳褐色，籽粒红色，穗粒重 88.8g，千粒重 29.8g，籽粒整齐度好。着壳率 0.9%，角质率 58%，出米率 75%，适口性好。经测定，籽粒粗蛋白含量 9.5%、总淀粉含量 73.66%、单宁含量 1.12%、赖氨酸含量 0.2%。人工接种鉴定，中抗丝黑穗病。

2. 产量表现

2005～2006 年参加辽宁省高粱中晚熟组区域试验，15 点次增产，2 点次减产，两年平均亩产 504kg，比对照辽杂 11 号增产 0.4%。2006 年参加同组生产试验，平均亩产 499.5kg，比辽杂 11 号减产 1%。

3. 栽培技术要点

每亩适宜种植密度为 6500 株，注意保证苗齐苗壮。注意防治蚜虫和黏虫。当中上部籽粒达到完熟时即可收获。

4. 适宜地区

沈杂 9 号适宜在辽宁省铁岭、黑山及锦州、朝阳等辽西北地区种植。

早熟杂交种吉杂 122、吉杂 307，中晚熟杂交种吉杂 123、吉杂 122 和吉杂 123 是酿酒型杂交种，吉杂 30 是食用型杂交种。通过国家鉴定的杂交种吉杂 124、吉杂 210，吉杂 124 是兼用型杂交种，食用酿酒都可以，吉杂 210 是酿酒型杂交种。

第四章 荞 麦

第一节 概 述

一、起源

荞麦起源于中国，栽培历史悠久。荞麦是中国古代重要的粮食作物和救荒作物之一。已知最早的荞麦实物出土于陕西咸阳杨家湾四号汉墓中，距今已有2000多年。另外陕西咸阳马泉和甘肃武威磨嘴子也分别出土过前汉和后汉时的实物。

二、植物学特征

荞麦（学名：Fagopyrum esculentum Moench.），别名甜荞、乌麦、三角麦等。一年生草本，茎直立，高30～90cm，上部分枝，绿色或红色，具纵棱，无毛或于一侧沿纵棱具乳头状突起。

叶三角形或卵状三角形，长2.5～7cm，宽2～5cm，顶端渐尖，基部心形，两面沿叶脉具乳头状突起。下部叶具长叶柄，上部较小近无梗。托叶鞘膜质，短筒状，长约5mm，顶端偏斜、无缘毛，易破裂脱落。

花序总状或伞房状，顶生或腋生，花序梗一侧具小突起。苞片卵形，长约2.5mm，绿色，边缘膜质，每苞内具3～5花。花梗比苞片长，无关节，花被5深裂，白色或淡红色，花被片椭圆形，长3～4mm。雄蕊8，比花被短，花药淡红色。花柱3，柱头头状。瘦果卵形，具3锐棱，顶端渐尖，长5～6mm，暗褐色，无光泽，比宿存花被长。花期5～9月，果期6～10月。

三、对环境条件的要求

荞麦喜凉爽湿润，不耐高温旱风，畏霜冻。积温1000～1500℃即可满足其对热量的要求。种子在土温16℃以上时4～5天即可发芽。开花结果最适宜温度为26～30℃，当气温在-1℃时花即死亡，-2℃时叶甚至全株死亡。

荞麦是短日性作物，当日照长度由15～16h减少到12～14h，生育期就缩短，晚熟品种比中、早熟品种敏感。每株可开花2000多朵，但结实率很低，仅10%左右，加之叶片同化能力弱，花果脱落严重。

荞麦是需水较多的作物，需水量比黍多两倍，比小麦多一倍。种子萌发时约需吸收其自身干重50%的水分。在开花结果期间需消耗大量的水分。从开花到收获比出苗到开花需水要多一倍，开花盛期是需水高峰期。其蒸腾系数一般为450～630。要求空气相对湿度不能低于30%～40%。

荞麦对土壤要求不严。根系弱，种子顶土力差，要求土层疏松，以利幼苗出土和促进根系发育。生殖生长迅速，吸肥力强，适于新垦地种植。要求土壤酸度为pH6～7，碱性较重的土壤，不宜种植，每产100kg荞麦籽实，约从土壤中吸收氮3.3kg，磷（P_2O_5）

1.5 千克，钾（K₂O）4.3kg。

荞麦是一种对肥料敏感的作物，施肥充足茎能产生大量分枝。磷肥可促进籽粒的形成，并能增加蜜腺的分泌。利用蜜蜂辅助授粉，从而提高产量。对钾肥的需要量较多，但含氯的钾盐易引起叶斑病。

荞麦开花时要求昼夜温差大，夜间较冷而白天气温高，晴朗无风，开花多，泌蜜丰富。早晨开始泌蜜吐粉，中午时泌蜜最多，以后逐渐减少，14 时后停止。但由于高原地区日照充足，昼夜温差大，泌蜜能延迟到下午。雨后早雾即晴的天气，泌蜜最盛。泌蜜最适气温是 25~28℃。气温在 25℃以下时，随气温下降而泌蜜递减。

四、分布及产量

国内分布：荞麦在中国分布甚广，南到海南省，北至黑龙江，西至青藏高原，东抵台湾省。主要产区在西北、东北、华北以及西南一带高寒山区，尤以北方为多，分布零散，播种面积因年度气候而异，变化较大。

世界分布：栽培荞麦的国家还有俄罗斯、加拿大、法国、波兰、澳大利亚等。

据 1975 年统计，世界种植面积 161.6 万 hm²，其中，前苏联种植 150 万 hm²，波兰是 3.5 万 hm²，日本是 2.2 万 hm²，加拿大是 1.9 万 hm²，美国是 1.3 万 hm²，法国是 1 万 hm²。平均产量约 400kg/hm²。20 世纪 80 年代初统计，中国常年种植面积约 50 万 hm²。

五、营养价值

1. 营养

荞麦的谷蛋白含量很低，主要的蛋白质是球蛋白。荞麦所含的必需氨基酸中的赖氨酸含量高而蛋氨酸的含量低，氨基酸模式可以与主要的谷物（如小麦、玉米、大米的赖氨酸含量较低）互补。荞麦的碳水化合物主要是淀粉，因为颗粒较细小，所以和其他谷类相比，具有容易煮熟、容易消化、容易加工的特点。荞麦含有丰富的膳食纤维，其含量是一般精制大米的 10 倍。荞麦含有的铁、锰、锌等微量元素也比一般谷物丰富。

2. 食用

荞麦食味清香，在中国东北、华北、西北、西南以及日本、朝鲜、前苏联都是很受欢迎的食品。荞麦食品是直接利用荞米和荞麦面粉加工的，荞米常用来做荞米饭、荞米粥和荞麦片。荞麦粉与其他面粉一样，可制成面条、烙饼、面包、糕点、荞酥、凉粉、血粑和灌肠等民间风味食品。

3. 经济

荞麦籽粒、皮壳、秸秆和青贮都可喂养畜禽，而广泛用作牲畜饲料的是碎粒、米糠和皮壳。荞麦碎粒是珍贵饲料，富含脂肪、蛋白质、铁、磷、钙等矿物质和多种维生素，其营养价值为玉米的 70%。有资料报导，用荞麦粒喂家禽可提高产蛋率，也能加快雏鸡的生长速度。喂奶牛可提高奶的品质，喂猪能增加固态脂肪，提高肉的品质。荞麦比其他饲料作物生育期短，既可在无霜期短的地区直播，也可在无霜期长的地区复播，能在短时期内提供大量优质青饲料。荞麦是中国三大蜜源作物之一，甜荞花朵大、开花多、花期长、蜜腺发达、具有香味，泌蜜量大。大面积种植荞麦可促进养蜂业和多种经营的发展，而且可以提高荞麦的受精结实率。荞麦田放蜂，产量可提高 20% ~ 30% 或更高。

六、荞麦食疗价值

荞麦性甘味凉，有开胃宽肠，下气消积，治绞肠痧，肠胃积滞，慢性泄泻的功效，同时荞麦还可以做面条、饸饹、凉粉等食品，是一种极具营养价值的谷类食物。它含有蛋白质、脂肪、淀粉、氨基酸、维生素 B_1、维生素 B_2、维生素 P、芦丁、总黄酮、钙、磷、铁、镁、铬等，营养成分十分丰富。

荞麦性凉味甘，能健胃、消积、止汗。《食疗本草》言其"实肠胃，益气力，续精神"。《随息居饮食谱》说它"开胃宽肠，益气力，御寒风"。《中国药植图鉴》则说它"可收敛冷汗"。现代研究表明，荞麦对心脑血管有保护作用。

荞麦中含有丰富的维生素 P，也叫柠檬素，此种物质可以增强血管壁的弹性、韧度和致密性，故具有保护血管的作用。荞麦中又含有大量的黄酮类化合物，尤其富含芦丁，这些物质能促进细胞增生，并可防止血细胞的凝集，还有调节血脂、扩张冠状动脉并增加其血流量等作用。故常吃荞麦对防治高血压、冠心病、动脉硬化及血脂异常症等很有好处。

苦荞含有 10% ~ 15% 的蛋白质和芸香素，且这些蛋白质黏性差，类似于豆类蛋白质，其质优于禾本科粮食。含 19 种氨基酸，人体必需的 8 种氨基酸均齐且丰富，还含有对儿童生长发育有重要作用的组氨酸和精氨酸。含丰富的维生素 B_1、维生素 B_2、维生素 B_6、维生素 C、维生素 P 和胆碱，还有丰富的无机元素磷、镁、铁、钾、钙、钠。由于荞麦的营养物质含量丰富，因此它对人体有极大的保健作用，对许多疾病有明显的防治效果。茎叶入药能益气力，续精神，利耳目，降气、宽肠、健胃、治噎食、痈肿、止血，蚀恶心，荞麦粉作保健食品能防治糖尿病、高血脂、牙周炎牙龈出血和胃病。

七、主要品类

荞麦主要分为野生品种和栽培品种。栽培荞麦有 4 个种，甜荞 F. esculentum Moench、苦荞 F. tataricum（L.）Gaertn、翅荞 F. emarginatum Mtissner 和米荞 Fagopyrum spp。甜荞和苦荞是两种主要的栽培种。已收集到地方品种 3000 余个，其中甜荞、苦荞各占一半。

甜荞 F. esculentum Moench，亦称普通荞麦。无菌根，茎细长，常有棱，色淡红。叶基部有不太明显的花斑或完全缺乏花青素，总状花序，花较大，白色、玫瑰色或红色。异型花，主要为两型，一类是长花柱花，一类是短花柱花。也可偶见雌雄蕊等长的花和少数不完全花。子房周围有明显的蜜腺。有香味，易诱昆虫，异花授粉。瘦果较大，三棱形，表面与边缘光滑，品质好，为中国栽培较多的一种。

苦荞 F. tataricum（L.）Gaertn，亦称鞑靼荞麦。有菌根，茎常为光滑绿色。叶基部常有明显的花青素斑点。所有的果枝上均有稀疏的总状花序。花较小，紫红和淡黄绿色，无香味。雌雄蕊等长，自花授粉。瘦果较小，三棱形，棱不明显，有的呈波浪状。表面粗糙，两棱中间有深凹线，壳厚，果实味苦，中国西南地区栽培较多。

翅荞 F. emarginatum Mtissner，亦称有翅荞麦。茎淡红，叶大，多为自花授粉。瘦果棱薄而呈翼状，品质较粗劣，在中国北方与西南地区均有少量栽培。

米荞 Fagopyrum spp，在中国荞麦主要产区几乎都有分布。瘦果似甜荞，两棱之间饱满欲裂。但光滑无深凹线，棱钝而皮皱，因种皮易爆裂而得名。

中国西南与东北地区较为广泛地分布着类型极为丰富的野荞亦称金荞麦、老虎荞、万年荞、土茯苓等。有一年生或多年生的甜荞类型、苦荞类型与野翅荞类型。西藏地区的野生荞麦类型丰富。有草本、近木质、藤本、块根、地下肉茎等多种类型。野荞籽粒可食用，全株皆可入药。

八、发展前景

荞麦属种子植物门，被子植物纲，双子叶植物蓼科。具有营养价值高、清凉、消炎、帮助消化、降血压等功效，而且对治疗糖尿病也有效果，又能延缓衰老的保健作用。此外，荞麦还富含维生素 B_2、胆碱、维生素 E、硒以及其他矿物质。近年来，荞麦被公认为是预防癌症的理想保健食品，也可制成城乡人民喜爱的各种辅助食品，被誉为 21 世纪最重要的食物资源。随着农业产业结构的调整、商品生产的发展和人民生活水平的提高，荞麦将成为良好的副食品。而荞麦生育期短，对土地要求不严，是贫瘠地区栽培的理想作物。因此，在山区半山区发展荞麦生产有着广阔的前景。

九、荞麦茶优劣辨别

外观：好的苦荞茶外观应为黄绿色，且大小均匀、没有色差，反之颜色发白或者颜色深浅不一则为次品。其中，药丸形状的最好，因为球形的表面积最大，在冲泡的时候更容易释放出有效成分。另外，不要以为黑苦荞麦得名是因为它的壳是黑色的，里面的芯依然是黄绿色的。市场上充斥很多劣质苦荞，存在硫熏、重金属超标、细菌超标等问题，建议选择陈志谦苦荞茶这些知名品牌，规避质量问题。苦荞加工以后得到的普通黑苦荞茶是棕黄色的，全胚芽黑苦荞茶的颜色略深，是棕褐色的。

味道：好茶应是用工艺本身发挥苦荞本色荞麦香味，而不是用其他添加剂和化学助剂来调制香味。好的苦荞茶是纯荞麦香，反之有其他类型香味或异味则为次品。制作过程中都要经过烘烤这个程序，适度的烘烤可以促进黑苦荞麦生物类黄酮的转换，提高芦丁的含量，质量上乘的黑苦荞茶的味道是一种清新的麦香味，但一定不能有"糊味"，有的话一定是烘烤过度，不能吃了。

原料：苦荞茶有的是用苦荞麦做的，有的是用黑苦荞麦做的。黑苦荞麦的有效成分是普通苦荞麦的 3~5 倍，用黑苦荞麦做的"黑苦荞茶"肯定比普通苦荞麦做的"苦荞茶"好。而黑苦荞茶又可分为全粉黑苦荞、麸皮黑苦荞、胚芽黑苦荞及全株黑苦荞。但是，"芦丁"、"硒"在麸皮里面含量最高，氨基酸、膳食纤维在胚芽里面含量最高，而所谓全株茶就是用苦荞麦的根、茎、叶等本来应该丢弃的部分做的，这些叶子放在一起很容易腐烂，加工不及时肯定会坏掉，而且只能在苦荞麦收割的时候获得。所以原料是麸皮和胚芽的黑苦荞茶更好。

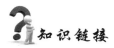

巧食荞麦保健康

1. 荞麦莱菔子散：荞麦15g，隔山撬30g，莱菔子10g。共研为细末。每次服10g，温开水送服。

隔山撬为健脾消食药，莱菔子为消食降气之品，与荞麦同配伍，则健脾消食，降气的作用大为增强。用于饮食积滞，脾胃运化无力，腹胀腹痛。

2. 荞麦济生丹：荞麦适量，炒至微焦，研细末，水泛为丸。每次

6g，温开水送服，或以荞菜煎汤送服。源于《本草钢目》。本方取荞麦健脾、除湿热的作用。用于脾虚而湿热下注，小便浑浊色白，或轻度的腹泻，妇女白带病。

3. 荞麦糊：荞麦研细末（荞麦面）10g，炒香，加水煮成稀糊服食。源于《简便单方》。本方取荞麦降气宽肠之功。用于夏季肠胃不和，腹痛腹泻。

4. 将洗净的荞麦米和瘦肉丝同煮，至八成熟时，可放入适量的配料（黄瓜、胡萝卜等），熟时加入适量的盐即可。此粥有止咳、平喘的作用，对高血压等心血管病也有辅助治疗的功效。但荞麦不易消化，不宜多食。

第二节　播前准备

荞麦不是高产农作物，但其适应性强，生育期短，适合在两年三熟区种植，也常作为一年两熟区的"救灾"作物。荞麦的栽培比较简单，如能加强管理，会有不错的收益。因为它的全生育期极短，可以在主作收获后，补种一熟荞麦，既增加复种指数，又便于与其他作物轮作换茬。

一、选茬整地

荞麦忌连作，种过荞麦的地块肥力消耗特别大，影响下茬作物的生长。因此不宜连作，需要轮作。荞麦对前作要求不严，但最好是马铃薯茬或谷茬。荞麦为直根系作物，根系不十分发达，同时芽子软，因此，播前要深耕灭茬，精细整地，要求耕作深度20cm左右，杜绝浅耕或免耕，把地耕细耙平，清除前作残留物和杂草，做到表土疏松，蓄水保墒，有利于播种和出苗，并注意开沟排水，为保全苗齐苗创造良好的环境条件。种过荞麦对下茬作物影响较大，故需在下茬作物播种前增施肥料，并搞好土壤耕作，以恢复地力。在夏播荞麦产区，一般是冬小麦收获后复种。有些地区是春小麦收后复播，多采用春小麦—荞麦一年两熟，也有的地区则是冬小麦—荞麦—冬休闲—春播作物两年三熟。

二、精细整地

荞麦幼苗顶土能力差，根系发育弱，对整地的要求较高，抓好耕作整地这一环节是保证荞麦全苗的主要措施。前作收获后，应及时浅耕灭茬，然后深耕。如果时间允许，深耕最好在地中的杂草出土后进行。陇东陇南，保墒是耕作整地的主要任务之一。在夏荞种植时，抢时是最主要的，一切田间耕作都要服从于适时播种。麦收后及时耕耙，拾去根茬；如时间紧迫，也可留茬播种，只在小麦垅间犁地（不翻土），后直接播种。

三、合理施入基肥、种肥

基肥以人畜粪肥和土杂肥等腐熟较好的有机肥为主，腐熟不好的秸秆肥不宜在荞麦地施用。可用碳铵、尿素等氮肥或磷酸二铵、硝酸磷肥等氮磷复合肥料作基肥。过磷酸钙等磷肥应与有机肥混合堆制后一起施入。施肥量根据土壤肥力，所用品种及预计产量水平等决定。一般每亩施有机肥 500~1000kg，或碳铵 20~25kg，过磷酸钙 15~20kg。

播种时随种子一起施用少量优质有机肥，是北方荞麦产区传统的施肥方法，在边远山区普遍采用。具体做法是：将人粪尿，或碎的禽畜粪和土掺拌均匀，播种时一起撒入土中。近年来使用无机肥作种肥的技术得到推广，一般在播种时每亩施尿素 5kg，过磷酸钙 15kg，或施磷酸二铵 3~5kg，但在施用时要把肥料和种子分开，防止烧苗。

第三节　播种技术

一、选用良种

良种是荞麦高产的基础，可从外地引进或选用当地优良品种。选择品种时一般要考虑以下因素：①生育期。尤其应注意从不同地区引种时造成的生育期变化。②产量表现。包括对不同肥力条件的适应能力。③抗逆性。包括抗旱，抗倒伏，抗病虫，耐寒，耐高温的能力。④品质。包括籽粒大小，色泽等属性，在生产上应以选择生长发育快，抗倒伏、抗病虫、产量高、生育期为 70~80 天的品种为宜。因此，在大面积推广一个新品种前需进行引种试验。

二、精选种子

荞麦种子不耐贮藏，陈旧的种子生活力明显降低。荞麦高产不仅要选用良种，而且要选用高质量的种子。精选种子的目的是除空粒、秕粒、破粒、草粒和杂质，选用饱满整齐的种子。这样可以提高种子的发芽率，为培育壮苗打下基础。精选的方法有风选、筛选、水选和人工精选等，但风选不如水选。为提高荞麦产量，应选择籽粒饱满、种皮为淡绿色、无病虫、无霉变、种形大小均匀一致的新种。要淘汰呈黄色不能发芽或发芽率很低的种子。

三、播前种子处理

处理的方法有晒种、浸种、拌种、闷种等。晒种是播种前 5~7 天，选择晴朗的天气，于上午 10 时至下午 4 时在向阳干燥的地方把种子摊一薄层，经常翻动，连续 2~3 天即可。温汤浸种也有提高出苗率和减轻病虫害的功效。其方法是用40℃的温水浸种10～15min，先把漂在上面的秕粒捞出弃掉，再把沉在下面的饱粒捞出晾干即可。用10%左右的草木灰浸出液浸种，或用硼酸、钼酸铵等含有硼、钼、锌、锰微量元素的化合物水溶液浸种，可促进荞麦生长发育，增产效果明显。在病害严重的地方，可选用多菌灵、退菌特、五氯硝基苯药拌种。在地下害虫严重的地方，可选择辛硫磷、甲拌磷、甲基异硫磷等药剂拌种。为了缩短播种至出苗时间，提高了苗率，可以在温汤浸种后闷种1～2天，待种子开始萌动时立即播种。

四、适期播种

荞麦的播种期应掌握"春荞霜后种，花果避高温，秋荞早种霜前熟"的原则。春荞适宜播种期为6月中旬、下旬。秋荞一般在7月中旬播种，在两年三熟区，荞麦必须在早霜前成熟，最适宜的播期为7月中旬，例如陇东，河西。在一年两熟地区，例如陇南，最适宜的播期为7月中下旬。这样有较充足的时间进行耕作整地和施肥，也有利于避开花期内高温，使荞麦高产。

五、播种方法

主要有撒播、点播、条播三种。撒播又可分为先耕地后撒籽和先撒粒后耕地两种。其优点是有利于雨后抢墒播种，省工省时，缺点是种子稀稠不匀，深浅不一，出苗不齐。点播的方法是犁开沟或人工挖穴，然后把种子和有机肥一起点入沟或穴沟，再耙糖覆土。一般每亩点播5000～6000穴，每穴10～15粒种子。其优点是便于集中施肥和田间管理，出苗率高，通风透光好。缺点是植株分布成丛，单株营养面积小，密度也不易掌握。条播分为耧播和犁播，一般行距为20～30cm。犁播的方法是用犁开沟，把种子和有机肥一起施入沟内，然后耙糖覆土。条播的优点是覆土深度基本一致，出苗率较高，幼苗整齐，有利于通风透风，便于田间管理，但犁播易散墒、宜在夏播多雨季节使用。播种深度一般以5～6cm为宜，夏播宜浅些，3～4cm。墒情差宜深些，墒情好宜浅些，沙性土宜深些，粘质土宜浅些。

六、合理密植

合理密植是荞麦高产的重要措施。荞麦的实际种植密度主要是由播种量和出苗率决定的。出苗率受整地质量、播种方法、种子质量、土质、墒情诸因素的影响，变化很大。因此，确定播种量前必须考虑到这些因素，适当加大播种量。如果在一般条件下条播时，每亩播种 2.5 ~ 3kg 即可，而撒播时每亩需播种 5kg。肥地每亩基本苗 10 万株左右，中肥地每亩基本苗 11 万 ~ 12 万株，瘦地每亩基本苗 13 万 ~ 16 万株。

第四节　田间管理

一、保全苗

除要做好播前精细整地选用饱满的新种子，防治地下害虫等工作外，在北方夏荞区出苗时往往遇雨地表板结，造成严重缺苗，应在地面白背时及时耙耱，破除土壤板结层，也是保证全苗的重要措施。

二、中耕除草

荞麦长出 2 ~ 3 片真叶时结合追肥进行第一次中耕，达到盖肥、松土、除草的目的，如果播量过大，这次中耕还应疏苗，锄去多余弱苗。现蕾前进行第二次中耕，达到除草、培土、匀苗补缺的目的，如果追肥，应先撒肥料，在中耕时把肥料埋入土中。在点播的地块，这次中耕时应同时培土间苗，可促进根系发育。

三、追肥和浇水

荞麦到现蕾开花期，对养分和水分的需要量大大增加。此时养分不足或发生长时间的干旱，就会影响授粉结实，秕粒大量增加。在播种前未施肥的地块，结合第二次中耕，每亩施 2.5～3kg 磷酸二铵或 5kg 尿素，有明显的增产效果。但追肥量过大会造成徒长倒伏或贪青晚熟。也可以用尿素或磷酸二氢钾水溶液叶面喷施。在有灌溉的地方，干旱时应及时浅水，以畦灌或沟灌为好。荞麦是喜湿作物。农谚有"秋荞不怕连绵雨"，"若要荞麦收，花开沟里游泥鳅"等，都充分说明了这一点。

四、辅助授粉

荞麦是异花授粉作物，主要通过昆虫或风来传粉，昆虫主要是蜜蜂，而风力传粉又很微弱。花期放蜂，不仅可以提高荞麦的结实能力，而且可以增加蜜源。但是蜜蜂少的地方，还需进行人工授粉来提高结实率，单株结实的粒数可达 100～200 粒，是一种荞麦增收的有效途径。

一般辅助授粉在盛花期选择晴天上午 10 时到下午 5 时进行，此时无露水，花开放时花药裂开，便于授粉。方法是：用长 20～25m 的绳子，系一条狭窄的麻布，两人拉着绳子的两端，分别沿着地的两边，往复过二次，行走时让麻布接触荞麦的花部，使其摇晃抖动，每隔 2～3 天授 1 次，共授 2～3 次即可。

五、防治病虫鼠害

荞麦的病害、主要有立枯病、轮纹病、褐斑病、白霉病和蚜虫、粘虫、地老虎，草地螟、钩刺蛾等，还有鼠害。防治病害，可采用 65% 代森锌 500 倍液，或 20% 粉锈宁 1000 倍液，或 0.5% 等量波尔多液喷雾。对低洼田还须少灌水，降低湿度、控制病害。防治虫害可采用 40% 乐果 1000 倍液，或 18% 杀虫霜 200 倍液喷雾。千万不能用中等以上毒性农药，以免增加荞麦籽粒中农药的残留量，降低荞麦品质。荞麦的鼠害，可采用化学灭鼠或器械灭鼠。

六、适期收获

荞麦花期长达 30～35 天，开花后 30～40 天形成种子。落粒性强，一般损失 20%～40%。由于植株上下开花结实的时间早晚不一，所以成熟也不整齐。因此，不能等全株成熟时进行收获。一般在 70%～80% 的籽粒变色时收割为宜，做到成熟一片收割一片。收割好后及时脱粒并去除杂质、晒干贮藏。

第五章 小 豆

第一节 概 述

一、植物学特征

小豆属豆科（Leguminosae），菜豆属，一年生草本植物。又名赤豆、赤小豆、红豆。英文名：Red adzuki bean。红小豆富含淀粉，因此又被人们称为"饭豆"。一年生、直立或缠绕草本。高 30 ~ 90cm，植株被疏长毛。羽状复叶具 3 小叶，托叶盾状着生，箭头形，长 0.9 ~ 1.7cm，小叶卵形至菱状卵形，长 5 ~ 10cm，宽 5 ~ 8cm，先端宽三角形或近圆形，侧生的偏斜，全缘或

浅三裂，两面均稍被疏长毛。花黄色，约 5 或 6 朵生于短的总花梗顶端，花梗极短，小苞片披针形，长 6 ~ 8mm，花萼钟状，长 3 ~ 4mm，花冠长约 9mm，旗瓣扁圆形或近肾形，常稍歪斜，顶端凹，翼瓣比龙骨瓣宽，具短瓣柄及耳，龙骨瓣顶端弯曲近半圈，其中一片的中下部有一角状凸起，基部有瓣柄。子房线形，花柱弯曲，近先端有毛。荚果圆柱状，长 5 ~ 8cm，宽 5 ~ 6mm，平展或下弯，无毛。种子通常暗红色或其他颜色，长圆形，长 5 ~ 6mm，宽 4 ~ 5mm，两头截平

或近浑圆，种脐不凹陷。种子千粒重 50～210g，大多在 130g 左右。花期夏季，果期 9～10 月。

二、栽培历史及分布

我国是小豆的原产地，至今，在我国喜马拉雅山麓尚有小豆野生种和半野生种存在。印度、朝鲜、日本等国也有栽培，以我国出产最多。小豆在我国栽培历史悠久，古医书《神农本草经》中就有关于小豆的药用记载。古农书《齐民要术》中，已详载小豆的栽培方法和利用技术。这表明，我国种植小豆至少已有 2000 多年的历史。

小豆有较强的适应能力，对土壤要求不高，耐瘠薄，黏土、沙土都能生长，川道、山地均可种植。既耐涝，又耐旱，晚种早熟，生育期短，栽培技术简单，可做补种作物。原产亚洲热带地区，现作为经济作物全国各地普遍栽培。主产吉林、北京、天津、河北、陕西、山东、安徽、江苏、浙江、江西、广东、四川。朝鲜、日本、菲律宾及其他东南亚国家亦有栽培。中国小豆主要分布在华北、东北和黄河及长江中下游地区，以河南、河北、北京、天津、山东、山西、陕西及东北三省种植面积较大，其次是安徽、湖北、江苏和台湾等省，其余省、市、区种植面积较小或零星种植。

三、价值

1. 功效

（1）小豆有通便、利尿的作用，对心脏病和肾脏病有疗效。

（2）每天吃适量小豆可净化血液，解除心脏疲劳。

（3）可以通气、通便，而且可以减少胆固醇。

（4）小豆对金黄色葡萄球菌、福氏痢疾杆菌和伤寒杆菌都有明显的抑制作用。

2. 营养成分

据对 1479 份小豆种质资源测试结果，蛋白质含量平均 22.56%，变幅为

20.92%～24.00%；脂肪 0.59%，总淀粉 53.17%，其中直链淀粉 11.50%。蛋白质中人体必需氨基酸组成较全，但含硫氨基酸的含量较少，是第一限制性氨基酸。籽粒中蛋白质与碳水化合物的比例约为 1:2～1:2.5，而禾谷类仅为 1:6～1:7。小豆蛋白质含量也比畜产品含量高，如瘦猪肉含蛋白质为 16.7%，牛肉为 17.7%，鸡蛋为 14.7%，牛奶为 3.3%。自古以来，很多国家用小豆治病、防病。

3. 医药

《本草纲目》和《中药大辞典》分别介绍小豆籽粒性味甘甜、无毒，入心及小肠经。含有较多的皂草苷，可刺激肠子，有通便、利尿的作用，对心脏病和肾脏病有疗效。每天吃适量小豆可净化血液，解除心脏疲劳。还有较多的纤维和许多可溶性纤维，不仅可以通气、通便，而且可以减少胆固醇。现代医学还证明，小豆对金黄色葡萄球菌、福氏痢疾杆菌和伤寒杆菌都有明显的抑制作用。也是我国重要的出口物资，主要出口至日本、韩国。经加工后的小豆产品作为我国传统农副产品，载誉海内外。它还是补种、填闲和救荒的优良作物。小豆也可种作青贮饲料或作绿肥，豆芽可做蔬菜。

4. 加工

红小豆被誉为粮食中的"红珍珠"，既是调剂人民生活的营养佳品，又是食品、饮料加工业的重要原料之一。中国人民自古以来一年四季，尤其是盛夏，红小豆汤不仅解渴，还有清热解暑的功效。用小豆与大米、小米、高粱米等煮粥作饭，用小豆面粉与小麦粉、大米面、小米面、玉米面等配合成杂粮面，能制作多种食品，用来调节生活。还是高蛋白、低脂肪、多营养的功能食品，是中国人民传统的食用方法。小豆出沙率为 75%，主要制作豆沙（湿沙、干沙）。豆沙可制作豆沙包、水晶包、油炸糕、什锦小豆粽子。小豆沙还可制作冰棍、冰糕、冰激凌、冷饮。用豆沙可制成多种中西式四季糕点，如小豆沙糕、豆沙月饼、豆沙春卷、豆阳羹、奶油小豆沙蛋糕。

小豆加工为豆沙有两种方法，一是将干燥的小豆磨成豆粉，筛去种皮，余下的即细干豆沙。二为湿加工法，先将小豆浸泡，并用水煮软，再将煮软的小豆粒碾碎、放入冷水中使种皮与淀粉（豆沙）分离，用不同筛目的筛子或其它方法除去豆皮，最后将所得豆沙（豆泥）干燥保存，可制作各种食品。因红小豆种皮易溶于水，换水两次，所得豆沙为浅红色。另一种方法为在小豆煮软后，将豆粒磨碎，用离心方法将纤维等物质除去，余下部分再用水浸洗、压碎，然后得到豆沙（豆泥）。加入糖作成甜食或干燥后磨成粉。日本将小豆用糖水煮熟后作成罐头，还可以将小豆粒与爆玉米花一样，做成爆裂小豆。

四、小豆的生育周期

小豆从播种到成熟，整个过程可分为播种期、出苗期、分枝期、现蕾期、开花期、结荚期、鼓粒期、成熟期。按其生理特点可分为三个大的时期，即苗期、花荚期和鼓粒期，并且这三个时期所经历的时间长短大致相等。

1. 苗期

苗期包括种子发芽与出苗、幼苗期和分枝期。种子吸足水分后，在地温稳定在10℃以上时发芽出苗，长出4~5个叶片后，开始出现分枝，经历30~35天。

苗期主要是营养生长时期。根据苗期的长相可分为壮苗、旺苗和弱苗。壮苗的长相为叶绿色，大小适中，厚薄适当，茎粗，节多，节间短，株型紧凑，根系发达，植株健壮挺拔。旺苗的长相为植株徒长，枝叶过度繁茂，茎秆细弱，组织疏松，叶薄色淡，容易倒伏和感染病虫害。

形成旺苗的原因，主要是播种过早、高温多湿的气候、肥水供应过量、密度过大等。

控制旺苗的措施主要有不浇水、不追肥、深中耕、串沟培土等。有徒长倒伏趋势的，可适当喷洒200mg/L的矮壮素或20mg/L的三碘苯甲酸。

弱苗的长相为株小叶黄，茎细节长，分枝少，根系不发达，根瘤结的晚且少，叶小，色浅，脱落早。

形成弱苗的原因有缺肥地薄，少雨干旱，雨涝水渍，土壤盐碱、板结，播种过深，密度过大，间苗过晚，病虫为害等。

总之，苗期的生理特点是氮代谢为主，此期田间管理的中心任务是抓全苗、壮苗，给下阶段发育打好基础。主要通过查苗补种、及时间苗定苗、中耕除草等措施，确保苗全、苗匀、苗齐，在此基础上培育壮苗，促进花芽分化。

2. 花荚期

花荚期包括开花与结荚，即小豆从开花到荚果形成，此期经历 30～35 天。花荚期是营养生长和生殖生长同时并进的时期，也是植株生长发育最快最旺盛的时期。此期茎叶的生长和荚果的形成需要消耗大量的养分和水分，是干物质形成积累最多的时期。因此，这个时期的生理特点是糖氮代谢并重。此期田间管理的中心任务应是增花保荚，通过肥水管理等措施，协调营养生长和生殖生长平衡发展，控制徒长，防止倒伏，确保多花多荚。

3. 鼓粒期

一般从荚果伸长到荚内豆粒鼓到最大体积时称为鼓粒期。小豆鼓粒是叶片、叶柄、茎秆和荚皮中的养分源源不断地运向种子的过程，即灌浆过程。种子的干物质积累在开花后 10 天内增加缓慢，以后的一周加快。种子的绝大部分干物质是这以后的三周内积累的。小豆鼓粒期也要经历 30～35 天。

鼓粒期的生理特点是以糖代谢为主，生长中心是生殖器官的籽粒。这一时期的外界条件，对小豆的结荚率、每荚粒数、粒重以及产量影响很大。若光照、水分、养分不足，将造成大量落荚或有荚无粒，百粒重下降。此期田间管理的中心任务是通过肥水和田间管理措施，保证良好的生长发育条件和肥水供应，尽可能延长植株功能叶片的寿命，提高光合能力，促早熟，增粒重，实现高产稳产。

五、小豆对环境条件的要求

1. 温度

小豆为喜温作物，全生育期需要≥10℃的积温 2000～2800℃。从播种到开花需积温 1000℃左右，全生育期最适宜温度为 20～24℃。小豆种子在 8～10℃时即可发芽，最适宜的发芽温度是 14～18℃，田间播种地温应稳定在 14℃以上。花芽分化和开花结荚期最适宜温度为 24℃，低于 16℃时花芽分化受到影响而使花荚减少。小豆对霜害的抵抗力弱，发芽期间不耐霜害。种子成熟期间最怕低温秋霜，遇霜害的种子将会降低品质或丧失发芽力。

2. 光照

小豆为短日照作物，对光周期的反应较为敏感，中晚熟品种反应尤甚。光照对小豆不同生育阶段的影响不尽相同，幼苗期受影响最大，开花期次之，结荚期受影响较小。小豆幼苗期给以短日照处理，则植株变矮，茎节缩短，节数减少。相反，适当延长日照时间，能使小豆茎叶生长繁茂，叶片增大，产量提高。北种南引，植物矮小，开花提早。南种北引，植株高大，开花延迟或不能结实。

3. 水分

小豆每形成 1g 干物质需要吸收 600～650g 的水分。农谚说："旱绿豆，涝小豆"，主要是指鼓粒灌浆阶段需要较多的水分。小豆对水分的要求，随小豆生育阶段、植株大小、产量高低、土壤结构不同而不同。小豆幼苗期需水较少，开花结荚期需水最多，鼓粒前期需水较多，鼓粒后期需水则较少。若土壤水分不足或干旱天气，就会影响小豆的生长，造成秕荚小粒。小豆的生长发育要求适当的湿润气候，它具有一定的耐湿性。但土壤水分过多，通气不良，会影响根瘤菌的生长发育，生育后期空气湿度过大，会降低小豆品质。成熟期间则要求气候干燥，如阴湿多雨天气会造成荚实霉烂。

4. 养分

小豆生长发育需要大量的氮、磷、钾和其他无机盐类。据测定，每生产 10kg 小豆籽粒，需吸收氮 3.42kg、磷 0.85kg、钾 2.28kg 和钙、镁、锌、铁、硫、钼、铜、锰等微量元素。

小豆不同生育期，吸收矿质元素的数量是不同的。苗期对氮的吸收较少，从分枝期开始明显增加，开花期增加减缓，结荚至鼓粒阶段 20 天增加最快。对磷的吸收，结荚期以前平缓增加，结荚期显著增加。结荚期积累磷量与产量呈直线相关，鼓粒期积累的磷量与产量不显著相关。鼓粒期积累的氮量与产量呈直线相关，对产量影响最大。

在施氮肥过多或干旱时，不利于小豆对磷的吸收，因此植株各器官中磷的含量下降。相反，在湿润条件下，钾的含量比较低。磷肥施量大，可以调动土壤中的氮素，增加土壤中有效氮的供应，但过多地施用磷肥能加重锌元素的缺乏，并显著降低产量。适量地施用钾肥，可增强茎秆韧性，减轻倒伏以及病害，对促进早熟和增加产量都有明显效果。

5. 土壤

土壤是小豆生长的基础，是根系生长发育的园地，是供应小豆生长发育所需营养的仓库。土壤的物理性质和化学性质如何，对小豆的生长发育影响很大。虽然小豆可在各类土壤中种植，但在排水良好、保水力强的疏松壤土上生长最好。小豆还具有较强的抗酸能力，在微酸性土壤上生长良好。在轻度盐碱地上小豆也能生长。在生长季节较短的地区，以选择轻砂壤土为好。在生长季节较长的地区，以选择排水良好，保水力强的粘壤土或壤土为好。

六、栽培前景

红小豆含多种营养成分，每100g红豆中含蛋白质21.7g、脂肪0.8g、碳水化合物60.7g，钙76 mg、磷386mg、铁4.5mg、硫胺素0.43mg，核黄素0.16mg、烟酸2.1mg。"小作物、大市场"，是当前红小豆产业的发展形势。在我国的种植业体系当中，红小豆等食用豆属于小作物，但目前在东北、华北、西北以及黄淮河流域发展很快，国内国外的市场前景都比较广阔。虽然市场空间较大，但是农民对种植红小豆却十分谨慎。虽然近两年来，玉米的价格一般，红小豆的价格一路走高，但是农民还是将它作为备选种植品种，红小豆价格走向是种植选择的根本。

❓ 知识拓展

小豆可供食用与药用，常用于煮粥、制豆沙。干豆含蛋白质21%～23%，脂肪0.3%，碳水化合物65%。

药用部位：干燥成熟种子。另：叶治小便频数，遗尿；花清热，止渴，醒酒，解毒；发芽的种子治便血，妊娠胎漏。

性味：甘酸、平、无毒。

归经：入心、小肠、肾、膀胱。

功效：除热毒，散恶血。消胀满，利小便，通乳。

主治：痈肿脓血，下腹胀满，小便不利，水肿脚气，烦热，干渴，酒病，痢疾、黄疸，肠痔下血，乳汁不通；外敷治热毒痈肿，血肿，扭伤。

禁忌：阴虚而无湿热者及小便清长者忌食。

说明：赤豆，又饭赤豆，以粒紧、色紫赤者为佳，煮汁食之通利力强，消肿通乳作用甚效。但久食则令人黑瘦结燥。中药另有一种红黑豆，系广东产的相思子，特点是半粒红半粒黑，注意鉴别，切勿误用。

验方参考：

1. 赤豆同鲤鱼（或鲫鱼）煮汤服食，利水消肿，治脚气甚效，兼治小儿夏日由血虚而致多发性疖肿。

2. 赤豆四两，煮汤当茶饮，治水肿。

3. 赤豆半斤，煮粥食，可通乳。

赤豆，又名红豆、小豆。除了直接煮食外，是做食品用豆沙的主要原料。用红小豆制作豆面条、糕

点馅，配制代食品，增加了食品工业糕点的花色品种，改善了人民生活。红小豆制作的饭、粥、汤美味可口、老幼喜食；红小豆冰糕，色美味佳，是饶有风味的夏令冷食，其皮可提炼色素。红小豆是食疗佳品，性甘寒，有治血，排浓，消肿，解毒之功效，可治心肾脏、器小肿和痈肿，胙肋等症。红小豆营养丰富，用途广泛，风靡世界。

第二节　播前准备

小豆高产栽培技术的实施原则是采取促进与控制相结合的措施，小豆高产长相：植株生长整齐一致，植株繁茂不倒，前期生长迅速，中期生长稳健，后期成

熟加快。在栽培技术上采取促一控一促措施，即前期抓齐苗壮苗，中期抓增花保荚，后期抓增重防倒。

一、轮作倒茬

轮作倒茬是充分利用地力和用养结合的一项优良栽培制度。通过轮作倒茬可以调节地力，改良土壤，减轻杂草及病虫为害。因此，轮作倒茬是经济用地，合理养地，提高单位面积产量的一项基本措施。

小豆忌重茬和迎茬，实践证明，重茬或迎茬，小豆植株矮小，生育迟缓，病虫害严重，荚少粒小，严重减产，轻者减产10%，重者减产50%左右。小豆连作减产的原因是多方面的，连作的地一般硝态氮有所增加，磷、钾、钙、钼、铜等元素含量减少，造成营养失调。土壤中的噬菌体和噬菌素（毒素）可抑制根瘤菌的发育，根系分泌的酸类物质过多，不利于根系的生长，并加重病虫为害，小豆品质变劣，产量下降。鉴于以上原因，小豆必须实行轮作，而以间隔3~4年轮种1年为好。小豆前茬以小麦、高粱、玉米等禾本科作物为宜。小豆不耐涝，比较耐瘠薄，应选排水良好的中等肥力的平岗地，前茬没有普施特、广灭灵、豆磺隆等农残留影响。

二、种植方式

我国北方大部分地区种植小豆常与玉米、高粱、谷子等作物实行间、套或混种，一般很少采用大面积清种小豆。但清种小豆便于轮作倒茬和田间管理，有利于满足其对光、温、气的需要，减少病虫害蔓延。因此，在轮作中采取清种方式是提高小豆单产和品质的重要措施，生产上净种面积正逐年扩大。红小豆与其它作物间套作主要方式有：

（1）春玉米、小豆1:1套种。是华北北部一年一作区春播小豆的主要方式。玉米行距70~90cm，玉米株高26~33cm时，在行间播种1行小豆。

（2）大小垄春玉米套种小豆。春玉米大垄100cm，小垄73cm，间隔种植，玉米出齐苗后，在大垄行间播种1行小豆；玉米苗高26~33cm，在小垄行间播种 1 行小豆。

（3）大小垄小麦套种谷子、小豆、玉米。即播种冬小麦时每 4 垄为一播幅，播幅间距 66cm 为大背，每一播幅内各垄行距 46cm 为小背，每一播幅有 3 个小背。翌春在大背上套种谷子，小麦乳熟后期在小背上套种玉米，在两侧的小背上套种小豆，即所谓"九里套谷""麦苗套豆"和"三层楼"的种植方式。

（4）夏玉米间种小豆。有 2∶1 与 2∶2 种植形式，行距 50cm。

（5）向日葵间种小豆。采用 1∶1 的形式，行距 60cm，两行葵花的行距为 132cm。

三、精细整地

整地质量的好坏与播种质量、种子出苗、种植密度、排水灌溉等有密切的关系。经验证明，精细整地对于小豆苗全、苗齐、苗壮、促进早开花、多结荚都有重要作用。若整地质量差，不利于小豆出苗，也不利于根系的发育和对水分养料的吸收利用。精细整地要求基本达到：耕层下层的土壤比较沉实，结构良好，毛细管水才能源源上升；上层土壤平整疏松，表土形成覆盖层，避免土壤水分过多蒸发，保持土壤适宜湿度和良好的通气状况。整地方法有冬耕与春耕，秋耕一般要深，耕深以 20cm 为最好，或上层浅耕耙茬，底层深松，深松深度 30～35cm。加深耕作层，扩大土壤库容。春耕宜早，一般"春分"耕地，春耕宜浅，以 9～12cm 为宜。过深不利防旱保墒，要随耕随耙糖，已冬耕的不必再春耕，但开冻后必须及时耙平，以利保墒。播前整地，要求把地整平耙实，使耕作层上虚下实，结构良好，保持一定的土壤湿度和孔隙度。但耕深不要超过播种深度，以 2～4cm 为宜。在北方地区以秋、伏翻地、整平耙碎、秋起垄为佳。一般来讲，秋起垄比春整地增产 10% 以上。

四、种子处理

1. 播前晒种

播种前晒种可以提高种子的生活力。晒过的种子发芽快，出苗整齐，一般可以提前出苗 1 ~ 2 天。特别是成熟度差和贮藏期受潮的种子，晒种的效果更为明显。晒种时不要将种子摊晒在水泥地或石板上，以免温度过高灼伤种子。

2. 精选种子

农谚有"母大子肥"、"种大苗壮"之说，说明了种子与壮苗之间的因果关系。为了提高种子纯度和发芽率，播前进行一次认真的选种，达到精量点播的种子标准，净度大于 98%，纯度大于 99%，芽率大于 95%，粒型大小均匀一致。对苗全苗壮，夺取高产是很必要的。选种可采用筛选、粒选、机选和人工挑选等方法。手工粒选的标准如下：

（1）将病斑粒、虫食粒挑出去，使种子带病少，发芽率高，品质良好。

（2）将小粒、秕粒、破烂粒、霉粒等挑出去，可提高整齐度，使种子发芽整齐，发芽势强。

（3）将脐色、粒色不一致的混杂籽粒挑出去，可提高纯度。

3. 测定百粒重和发芽率，计算播种量

种子精选之后，还要做种子粒重的测定和发芽试验，粒重和发芽率是计算播种量的依据。

测定粒重可随机查取 100 粒种子 3 份，各自称重，用克表示，求出平均数，即是该种子的百粒重。

种子发芽试验可分为 4 组进行，每组 100 粒放入小盘或小碗中，下面垫软纸、棉花或湿毛巾，加水使豆粒充分吸胀，然后放到 20℃ 左右的温度下使之萌发，经过 7 ~ 10 天之后，每 100 粒种子发芽种子数即为该种子的发芽率。

播种量的计算是根据每千克种子的粒数、种子发芽率、每公顷保苗数、田间损失率等项计算出来的。田间损失率包括除草损失率和间苗损失率，一般为 20%。计算公顷播量公式如下：

$$公顷播量（kg/hm^2）= \frac{公顷保苗株数 \times 120\% \times 百粒重}{100000 \times 发芽率}$$

4. 药肥拌种或浸种

试验证明，用钼酸铵、硼砂拌种或浸种有明显的增产效果，如果加用农药一起处理，还有防治地下害虫和蚜虫的效果。

第三节　播种技术

一、适期播种

1. 确定播期

适时播种有利于全苗、壮苗、多花多荚、适期成熟和提高产量与品质。在自然条件下，影响作物播种期的因素有温度、湿度、无霜期和土质等，但确定播种期的主要因素是温度。小豆是喜温作物，种子在10℃左右时即可发芽，在水分适宜的条件下，一般5~10cm地温稳定在10~14℃时幼苗就能很好地出土。播种过早因地温偏低，发芽缓慢，容易造成烂种缺苗，不利于实现全苗。播种过晚，易感染病害，而且营养生长期缩短，花荚减少，百粒重降低，影响产量和质量的提高。东北、西北和华北平原北部一年一作区，小豆播种期在4月中下旬，作为救灾作物可推至5月上、中旬。在黄淮海平原中部和南部要在小麦收完后抢播小豆，时间一般在6月中、下旬。在灾害年份作为救灾作物，播期可延至7月25日。黑龙江省一般在5月中、下旬播种。

2. 播种方法

东北、西北地区多采用原垄稆种、耢种、扣种和掏沟种的形式。大面积应用在耕翻整地的基础上，采取机械平整后起垄种植。黄淮海平原多在整地的基础上稆种，刨埯点种，或采用简易单行播种机播种。

3. 播种深度

小豆子叶不出土，播种不宜过深，一般3~5cm为宜。春小豆为防止吊干苗，可适当深些。夏播小豆墒情好，可适当浅些。

4. 播后镇压

小豆播种后进行镇压，可使种子与土壤紧密接触，顺利从土壤中吸收水分，避免播种后土壤松虚，水分很快蒸发，而下部水分不能上升，致使种子"落干"。特别是干旱多风的沙土，播种后镇压更为重要。镇压的时间应根据土壤情况而定，在墒情较差的情况下，应当在播种后立即镇压，尽量减少水分蒸发。在土壤水分较高时，不要立即镇压，要掌握适宜时机，待表土水分散失，有一层干土时再进行镇压。镇压时，如是用犁开沟播种的，在墒情很好的情况下，播种后可耙一下即可。一般墒情时，则需用脚覆土再踏一下。在墒情稍差时，播种覆土后采取镇压措施，可以防止跑墒，保证小豆出苗良好。

二、合理密植

合理密植是指不同品种类型，在不同的施肥、管理水平和不同的土壤条件下，单位面积上适宜的种植株数。合理密植是小豆增产的重要环节，因为小豆单位面积的产量是由单位面积的株数、每株荚数、每荚粒数和粒重四个因素决定的，其中单位面积株数和每株荚数是决定产量的关键因素。合理密植就是要较好地调节个体和群体之间的关系，使四项因素之积达到最大值。合理密植的原则是：气温较低、雨水较少的地区，小豆单株生产力较小，则密度应该大些；而气温较高、雨水较充沛的地区，小豆单株生长发育较旺盛，植株较大，密度则适当小些。在相同气候条件下，瘠薄的土地不能满足小豆植株生长发育的需要，株丛矮小，所占据的地面空间较小，因此栽培密度应大些，以发挥群体的增产作用。在土质较好、土层较厚的土壤中，能供给小豆生长发育较充足的营养，个体生长繁茂，所占据的地面空间相对大些，栽培密度就应小些，以保证每一个个体有较充足的营养面积，充分发挥单株生产潜力。依品种特性而言，普通型蔓生品种，由于茎蔓分枝多而长，开花结荚分散，栽培密度要小些。直立型小豆品种，由于植株生长比较紧凑，结荚范围比较集中，单株所占营养面积较小，所以种植密度应大些。栽培条件较好的地块，肥水充足，植株个体发育旺盛，密度范围要小些。反之，施肥少的情况下，植株生长矮小，留苗密度应大些。一般高肥水地，每公顷密度 9.75 万~12 万株，中肥水地每公顷留苗 12 万~15 万株，低肥水地每公顷密度 15 万株以上。播种时行距适当放宽，一般 60~70cm，株距适当减少，一般 11.6~14.9cm。间作套种小豆留苗密度应酌情掌握。在岗地白浆土上每公顷保苗 37.5 万株，以 30cm 行距平作为宜。最好采用在秋起垄上双条播或吸气式点播机械播种，以利提高地温，防旱排涝，促早春幼苗健壮生长。

第四节 水肥管理

一、合理施肥

根据小豆的营养特点和需肥规律，其施肥原则是：巧施氮肥，重施磷肥，有区别的施用钾肥，适当增施钼肥和菌肥。在黑土、草甸土等肥力较高地区，每公顷施肥（商品量）105kg左右，N∶P = 1∶1 为宜；在白浆土肥力较差的地区，每公顷施肥量120kg左右，N∶P = 1∶1.2 为宜，施肥方法以播前深施和种肥两次施入为宜，其中种肥为总肥的1/3，基肥占2/3，施于8~11cm深处。为保障营养生长和生殖生长协调，防倒伏，每公顷可施钾肥30~45kg。

1. 底肥

一般农家肥都用来施作底肥，如堆肥、厩肥、猪粪、羊粪及土杂肥等。底肥的用量应视粪肥质量而定，优质农家肥每公顷15000kg左右，质量稍差的土粪，可多施些，底肥随耕地时均匀撒入。春播小豆应增加底肥施用量，夏播小豆因抢收抢种无法施肥，底肥主要用在前茬小麦上。

2. 种肥

种肥包括播种前开沟施肥和播种同时施肥两种形式，在没有施底肥和口肥的地块，施入全部磷肥和1/3的氮肥。需要施用钾肥的地块，也应作为种肥与氮、磷一起混合施入。施肥方法应视播种方法而定，如耠沟播种的可以人工撒施，机械播种的可用播种机施入，但要做到种子和肥料隔离，避免烧种。钼酸铵溶液拌种，每公顷用钼酸铵15~22.5kg，溶于40~50ml50℃温水中，再用喷雾器喷在种子上，边喷边搅拌，晾干后即可播种。

3. 追肥

小豆的追肥应重点掌握在开花初期追施2/3的氮肥，开沟施入，及时覆土，如播种时未施磷肥，此期每公顷可追施磷酸铵复合肥 150kg。

4. 叶面肥

叶面肥是采用叶面喷施的方法，其时间应掌握在小豆开花初期。肥液配制方法是：50kg 水加钼酸铵 20 ~ 25g，充分溶解搅拌后，每公顷喷洒 375 ~ 450kg 溶液。这是一项经济有效的增产措施。

二、灌溉与排涝

由于小豆的生育阶段不同，需水量也有很大差异，如苗期植株小，生长慢，需水量较少，但由于苗小根少，吸水能力弱，稍有旱相就会影响生长发育。花荚期是营养生长和生殖生长齐头并进时期，需水量达到高峰，称为需水临界期，此期缺水，花荚减少，给产量带来严重影响。鼓粒灌浆期是生殖生长旺盛时，也需要较多的水分，此期水分不足，荚秕粒小，严重减产。因此，小豆合理灌水的原则是：前期量要小，时间要适当早；中期量适中，方法掌握巧；后期不放松，水量要灌饱。

小豆虽然具有一定的耐湿性，但幼苗期怕涝，花荚期最怕过水涝，整个生育期间都不能出现渍水现象。在渍水情况下，受害植株根瘤固氮和供氮能力减弱，要注意及时排涝，保证雨后田间无积水。

第五节　田间管理

一、查苗补苗

尽早查苗补种是保证合理密植，实现苗全、苗齐、苗匀、苗壮的一个重要环节。当小豆苗出土达 80% 左右时，要逐块逐行检查，发现缺苗时，及时用催好芽的种子补种。第一次查苗补种齐苗后，还要再检查 1 ~ 2 次，如发现因病虫、风、雨等自然灾害又造成缺苗时，立即进行芽苗补栽。芽苗补栽时，天气要好，温度要高，选苗要小，根子要少，坑要小，以刚埋小苗算正好，栽后不板，水要少，移栽 5~6 天后，松土保墒，尽早施些偏心肥，力争达到苗全、苗匀。

二、间苗、定苗

间苗、定苗是控制小豆群体株数，减少养分无效消耗，促进壮苗，提高单产的有效措施。通过间苗，使幼苗分布均匀，节间变短，分枝增加。一般在幼苗出齐，两片真叶展平时间苗，第一复叶期定苗，最迟不超过第二复叶期。但在病虫害较重地区和年份，应适当推迟到第二、三复叶期定苗。结合间苗拔掉病株和弱苗，并带到小豆田外处理。

三、除草

红小豆田间杂草防除，可采用化学药剂封闭除草和机械中耕除草相结合。

近几年采用大豆田除草药剂和配方进行红小豆化学除草，收到较好效果，参考药剂和配方如下表。

用药时间	药剂配方及公顷用量	效果
播前 4 天土壤处理	48% 氟乐灵乳油 1500ml	施药播种间隔短，略有药害
播后苗前土壤处理	70% 杜尔乳油 2625ml + 70% 赛克津粉剂 525g	效果好，无药害
播后苗前土壤处理	50% 乙草胺乳油 1500ml + 70% 赛克津粉剂 450g	效果好，无药害
播后苗前土壤处理	50% 乙草胺乳油 2625ml + 72% 2，4 - D 丁酯乳油 750ml	杀草 80%，无药害
苗后茎叶处理	12.5% 盖草能乳油 1125ml	效果好，无药害
苗后茎叶处理	15% 稳杀得乳油 1050ml	杀草 98%，无药害

中耕能消灭田间杂草，疏松土壤，调节水肥气热状况，促进根系发育，增强固氮能力。群众中有关于"早中耕地发暖，勤中耕地不板，深中耕根深、棵壮、

节间短，细中耕除草、防病、防涝又防旱"的说法，充分说明了中耕锄地的重要作用。春小豆一般中耕 2 ~ 3 次，夏小豆中耕 1 ~ 2 次。出苗后结合间苗进行第一次中耕，苗期中耕为浅中耕，耕深 10 ~ 15cm。花荚期第二次中耕，耕深 15 ~ 20cm，断掉部分侧根，以控制营养生长过旺。开花前结合除草起垄培土，后期拔一次大草。

四、化控调节

应用植物生长调节剂可以促进或控制小豆的营养生长和生殖生长，增加经济产量。例如，在小豆初花期、盛花期分别喷洒 100mg/L、200mg/L 的三碘苯甲酸，能有效地抑制徒长，矮化茎秆，防止倒伏。在幼苗期喷洒矮壮素，能使小豆的节间缩短，茎秆粗壮，植株矮化，增强小豆的抗逆性能。

五、收获与贮藏

小豆上下部荚果成熟不一致，往往基部荚果已呈现黑色，有 2/3 的荚果变黄时，为适宜的收获期。收获过早色泽未显，粒形不整，小籽粒多，品质低下。收获过晚不但荚果裂开，籽粒散落，而且豆粒中部光泽减退，异色粒增加，品质下降。小面积栽培时可分次采摘；大面积栽培时多为一次性收获。收后晾晒促进后熟，即可脱粒，扬净晒干后入库贮存。北方地区一般采用人工收割，田间晾晒，待豆荚全部变黄白色，子粒变成固有形状和颜色，水分为 16% ~ 17% 时再运回晒场脱粒。如面积大需用机械脱粒时，可通过调整，使破碎粒降到 3% ~ 5%，将E512 联合收获机进行如下调整：

（1）装上滚筒减速器或调整皮带轮将滚筒转速降到 400 ~ 500 转/min。

（2）滚筒间隙调到最大。

（3）将粮食升云器卸下，在推运器口处挂一麻袋接粮。

（4）将拾禾器卸下，人工用权子喂入割台或改用 1075 的带式拾禾器。

贮存小豆籽粒的含水量必须控制在 13% 以下，否则极易变质。小豆种子的贮藏寿命一般可保持 3 ~ 4 年。小豆在贮藏过程中豆象为害十分严重，有时豆粒虫蛀率达100%，被害的豆粒残缺不全，有一个及数个圆洞，丧失食用价值。

防治方法：

（1）将豆堆表面翻动后堆成30cm的小堆，顶端插以草把或玉米穗轴。经过一段时间，草把或玉米轴上集满害虫，取出后用沸水烫死或药剂处理。

（2）豆象以幼虫在豆粒内越冬，翌年春季羽化成虫。因此，在每年2～3月份用干沙包或其它异种粮将豆面封闭严实，阻止成虫钻出粮面交尾产卵，控制第一代成虫出现。压盖时，必须做到平、紧、密、实。

（3）选择冬季寒冷晴天，仓库外薄摊小豆6～9cm，勤加翻动，夜间温度如－10～－5℃以下，连续冻2～3天即可。

（4）家庭小规模贮藏，可以把一撮花椒用布包起来放在装小豆的塑料袋里，把口扎紧，效果很好，此法其他谷类通用。大规模贮藏可用现代化低温库保存，种子寿命更长。

（5）磷化铝熏蒸灭虫，不仅能杀死成虫、幼虫和卵，而且不影响种子发芽和食用，一般每产方米存贮空间用1.6g磷化铝的比例，在密封的仓库或熏蒸室熏蒸。

第六节　病虫害防治

1．病毒病

小豆病毒病是小豆产区普遍发生的病害，发病率46%～100%，一般减产60%～80%，严重者绝收。病毒病田间症状主要表现为斑驳花叶、皱缩花叶和皱缩叶丛。

防治方法：①对现有品种进行抗病性鉴定，积极推广抗病品种。②建立无病留种田，拔除留种地块内病毒病病株，结合除草铲除田边地头杂草，压低毒源。③防治传毒昆虫，蚜虫大发生的年份，病毒病发生也严重，及时防治蚜虫，可减轻病毒病的发生。

2．锈病

锈病在全国小豆产区都有发生，大发生年份造成叶片枯黄脱落，植株早衰，籽粒瘪小，甚至绝收。锈病为害小豆叶片，其次为害叶柄、茎秆、豆荚等。

防治方法：①选用抗病品种。②合理轮作，提倡适宜比例的间作套种，合理密植。③搞好田间卫生，收获后彻底除清田间病株残体。提倡秋季翻地，减少初侵染源。④用高效内吸杀菌剂粉锈宁，每公顷用稀释药液 750～1125kg 喷洒，防治效果 87%～96%。

3. 叶斑病

为害小豆叶片的叶斑病，为害期长，常常几种病害混合发生，使叶片萎黄枯死。常见的有灰斑、褐斑、黑斑、轮纹斑等，病斑累累，后期穿孔。

防治方法：①清除田间病株残体，进行秋翻或大面积轮作。中耕除草，排除积水。②合理施肥，特别是增施钾肥，提高植株抗病能力。③发病初期用 50% 苯来特 1000 倍液、50% 甲基托布津可湿性粉剂或 50% 多菌灵可湿性粉剂 1000 倍液、65% 代森锌可湿性粉剂 500～600 倍液，每隔 10 天喷药 1 次，连喷 2～3 次。

4. 枯萎病

枯萎病又叫萎蔫病，在小豆整个生育期均可发病。植株发病后，叶片从下向上由绿变黄，由黄变枯，最后干枯脱落。

防治方法：①合理轮作，最好与禾本科作物进行 3 年以上的轮作。②加强栽培管理，拔除零星病株，排除田间积水，及时中耕松土，降低土壤湿度。③选用抗病品种。④发病期间可用 70% 甲基托布津可湿性粉剂 800～1000 倍液喷施植株茎秆基部，每隔 7～10 天 1 次；也可用 75% 百菌清 600 倍液或 70% 敌克松 1500 倍液，或克萎王颗粒剂每公顷用量 450g 加水 225～375kg，7～10 天后，再喷 1 次，连喷 2～3 次。

5. 蚜虫

苜蓿蚜是小豆的重要害虫，以成虫和若虫聚集在小豆植株的嫩茎、幼芽、顶端心叶和嫩叶背面、花蕾、花瓣及嫩果荚上为害，严重时使植株矮小，叶片卷缩，生长不良，影响开花结实，甚至全株死亡。

防治方法：①40% 氧化乐果乳油 1000～1500 倍液或 50% 辛硫磷乳油 2000 倍液。②选用抗（耐）虫品种。③释放瓢虫和草蛉等蚜虫天敌，进行生物防治。

6. 卷叶螟

卷叶螟以 1～4 龄幼虫为害豆叶、花朵及豆荚等。

防治方法：①小豆收获后进行耕翻和冬灌。②黑光灯捕杀成虫。③成虫盛发期喷 80% 敌敌畏乳油 100 倍液，卵期至幼虫期喷 2.5% 敌百虫粉，每公顷用药粉 30～37.5kg 或 50% 马拉硫磷乳剂 l000 倍液，每公顷喷洒药液 1125kg。

7. 豆荚螟

豆荚螟以幼虫蛀食豆荚和种子，造成落荚，蛀孔周围堆积绿色粪便。幼虫还能吐丝缀卷，蚕食叶肉，也能为害嫩茎，造成枯稍，对产量和品质有很大影响。

防治方法：①用 2.5% 敌百虫粉剂每公顷喷粉 22.5kg，或 50% 杀螟松乳油 800～l000 倍液、90% 晶体敌百虫 800～1000 倍液喷雾，每公顷用药液 900～1125kg。②利用成虫趋光性以灯光诱杀。③人工摘除被害卷叶和果荚，消灭其中幼虫。④与非豆科作物轮作。

8. 地老虎

地老虎主要为害小豆幼苗，将幼苗茎基部咬断，造成缺苗断垄，严重的甚至毁种。

防治方法：①杂草是地老虎产卵寄主和幼虫取食寄主，早春铲除田边地头杂草，可减轻危害。②地老虎药剂防治的关键是把幼虫消灭在 3 龄之前。用 2.5% 溴氰菊酯 3000 倍液或 20% 辛硫磷乳剂 1500 倍液灌根。4 龄后采用麦麸毒饵或鲜草毒饵诱杀。③用糖醋液、黑光灯、杨树枝把诱杀成虫。

9. 蛴螬

蛴螬为多食性害虫。幼虫直接咬断小豆幼苗的根、茎，使苗死亡，成虫取食叶片。

防治方法：①小豆收获后及时秋翻地，把越冬幼虫翻上地表冻死或让天敌捕食。②成虫盛发期用 90% 敌百虫 800～1000 倍液，或 20% 杀灭菊酯每公顷 150～225ml，兑水 750～1125kg 喷雾。防治幼虫每公顷用 90% 敌百虫 1.5～2.25kg，加少量水稀释后拌细土 15～20kg，或 75% 辛硫磷乳油每公顷 6.25kg 兑水 75kg，拌细煤渣 375kg 沟施或穴施。③黑光灯诱杀。

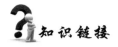

小豆优良品种

1. 天津红小豆

传统优良品种。株高 50～100cm，茎上无毛，主茎侧枝少而短。三出复叶，小叶圆形或剑头形。主根不发达，侧根细长而直立丛生。花蝶形，呈鲜黄色，每个花梗结 1～5 个荚，荚长 7～16cm，内有籽粒 4～16 粒，短圆形，两端方或微圆，呈赤褐色。千粒重 130～210g。生育期 70～110 天，春播可在 5 月中旬，夏播可在 6 月中、下旬。天津红小豆比较耐荫，适宜与玉米等高秆作物间作。纯种公顷产 2250kg 左右，间作公顷产 750～900kg。

2. 豫小豆 1 号

河南省农科院粮食作物所 1984 年用京小引作母本，花叶早熟红小豆作父本杂交选育而成。1991 年 4 月河南省品种审定委员会审议通过，并命名为豫小豆 1 号。豫小豆 1 号属早熟品种，生育期 80 天左右，株高 60～70cm。幼茎绿色，主茎节数 23～24 个、分枝 5～6 个。单株荚数 21～23 个，单荚粒数 6～7 个，百粒重 10g 左右，粒较大有光泽，红色，短圆柱形，抗病毒病、白粉病和叶斑病。前期抗旱，后期抗涝，抗倒伏。公顷产量 1950kg 左右。适宜黄淮流域种植，春夏播均可。夏播 6 月上旬为宜，行距 30～36cm，株距 13cm，每公顷 195000 株左右，条播，播深 3～5cm。播前每公顷施 375kg 复合肥，中耕 2～3 次，花荚期遇旱及时浇水。

3. 莱芜红小豆

山东省莱芜地区农家良种。株高 70～100cm，分枝 3～5 个，从基部 3～5 节叶腋生出。主茎 17～25 个节丛生型，三出复叶，正反面均有疏生细毛，托叶披针形。黄花。每花梗上有荚果 2～4 个，每株结荚 40～80 个。每荚有籽粒 8～11 个，以 10 粒者为多。荚长 7.5cm，细长圆筒形，尖端有鹰嘴形弯钓。荚皮成熟后灰黄色，光滑无毛。籽粒短圆形，种皮赤褐色、脐白色。千粒重 120～140g。一般公顷产量 1500～2250kg。该品种适宜华北、黄淮平原地区种植，春夏播均可，春播生育期 120 天，夏播生育期 80 天。播前施足底肥，每公顷密度 180000 株左右。

4. 紫小豆

黑龙江省农业科学院育成。植株直立，株高 40~50cm，每株分枝 2~3 个。小叶尖心脏形，绿色。花鲜黄色。英淡褐色，单株结英 50 个左右。粒大，紫黑色，千粒重 85g。一般公顷产量 1200~1500kg。该品种生长期短，成熟早，春播 95 天，夏播生育期 70 天，需≥10℃有效积温 2080℃左右，其中从播种至出苗 l90℃左右，至分枝期 360℃左右，至花英期 1530℃左右，最适宜夏直播。公顷植密度 15000~18000 株。

5. 白小豆

黑龙江省农科院育成。植株直立，幼苗深绿，幼茎绿色。株高 60cm，每株分枝 3~4 个。小叶心脏形，深绿色。花鲜黄色。英成熟后浅褐色，单株结英 50 个左右。粒白色，千粒重 90g。一般公顷产量 1200~1500kg。该品种生育期较短，春夏播均可。春播生育期 115 天，夏播生育期 70 天，需≥10℃有效积温 2080℃左右，其中从播种至出苗 220℃左右，至分枝期为 390℃左右，至花英期 1470℃左右。适宜密植，可直播或套种。

参 考 文 献

1. 赵宝平，齐冰洁．小杂粮安全生产技术指南．北京：中国农业出版社．

2. 张玉先．红小豆高产栽培技术．黑龙江八一农垦大学．

3. 李东山．谷子抗旱高产栽培技术［J］．农业技术与装备，2010（9）：38－39.

4. 徐晓艺，姜立东，高杰，等．高粱生产栽培技术［J］．农业科技通讯，2009（8）：137－138.

5. 孙得禄．荞麦高产种植技术［J］．农家科技，2012（10）8.

新型职业农民培训通用教材

小杂粮生产技术

责任编辑：徐　霜
美术编辑：阮　成
封面设计：严　潇

ISBN 978-7-5375-8672-6

9 787537 586726 >

定价：22.00元